南京水利科学研究院出版基金资助

Rock deformation memory effect
and DRA test rule and theory

岩石变形记忆效应及DRA法试验规律与理论

王海军　汤　雷　钟凌伟　邹丽芳　任旭华 ◎著

U0396289

東南大學出版社
SOUTHEAST UNIVERSITY PRESS
·南京·

图书在版编目(CIP)数据

岩石变形记忆效应及 DRA 法试验规律与理论 / 王海军
等著. — 南京：东南大学出版社，2024.12

ISBN 978-7-5766-0858-8

Ⅰ.①岩… Ⅱ.①王… Ⅲ.①岩石变形－形状记忆效
应－研究 Ⅳ.①TU454

中国国家版本馆 CIP 数据核字(2023)第 167647 号

责任编辑：杨 凡　　责任校对：韩小亮　　封面设计：毕 真　　责任印制：周荣虎

岩石变形记忆效应及 DRA 法试验规律与理论

Yanshi Bianxing Jiyi Xiaoying Ji DRAfa Shiyan Guilü Yu Lilun

著　　者	王海军　汤 雷　钟凌伟　邹丽芳　任旭华
出版发行	东南大学出版社
出 版 人	白云飞
社　　址	南京市四牌楼 2 号(邮编：210096)
网　　址	http://www.seupress.com
经　　销	全国各地新华书店
印　　刷	广东虎彩云印刷有限公司
开　　本	700 mm×1 000 mm　1/16
印　　张	14
字　　数	238 千字
版　　次	2024 年 12 月第 1 版
印　　次	2024 年 12 月第 1 次印刷
书　　号	ISBN 978-7-5766-0858-8
定　　价	78.00 元

本社图书若有印装质量问题,请直接与营销部联系,电话:025 - 83791830。

前言 PREFACE

　　地应力的准确测量对于基本地质运动规律的研究、各种地下及露天岩石工程的分析设计等具有重要意义。岩石的变形记忆效应（Deformation Memory Effect, DME）是指具有储存外界对其影响的信息，并在一定条件下通过变形数据显示记忆信息的特性。变形率变化法（Deformation Rate Analysis, DRA）是基于岩石DME，通过对岩芯记忆信息的读取来达到地应力测量的方法，为地应力测量提供了一种全新的思路，而且成本低、耗时少。日本、澳大利亚、韩国等国的研究者采用DRA法进行了大量地应力测量实践，结果与水力致裂法、应力解除法等一致，更加证实了DME在地应力测量方面的极大潜力和应用前景。

　　但是，采用基于岩石DME的DRA法进行地应力测量实践的历史较短，DRA法仍有待发展和成熟。其中一个核心问题就是对DME的形成机理（或称形成现象的深层原因）认识不足。如果说对地应力的测量是DME的顶层应用，那么对DME机理及运行规律的理解则是应用的底层基础。但是，至今国际上并没有针对形成DME的力学机理的系统研究及相应的理论模型。DME机理研究的缺失，严重阻碍着正确认识DME，进而严重阻碍DRA法对地应力的测量精度的提高、技术的改进。此外，DME及DRA法在我国无论是研究方面还是应用方面都较少。

　　因此，开展DME形成机理的研究，对DRA法测量地应力的发展和成熟，对国内事关国计民生的各种地下工程的建设都具有非常重要的意义与价值。

　　本书在进行大量物理试验的基础上，提出了DME

的形成机理,建立了一维模型、轴对称模型,对 DME 本身诸多问题进行了解答,得到诸多利用 DRA 法测量地应力成熟的成果。主要创新点如下:

(1)采用岩石力学物理试验手段开展了岩石 DME 的时效性研究和复杂路径下岩石 DME 研究:系统地对初始放置加载路径、初始保持加载路径、变含水率加载路径、初始循环加载路径、变应力峰值加载路径和变加载方向路径六种不同的应力路径进行单轴室内人工 DRA 试验,针对不同应力路径给出了相应的试验方案,通过对 DRA 曲线的各种特征进行分析,得到了岩石 DME 的时效性和复杂路径下岩石 DME 的物理试验规律。

(2)提出岩石内部已有微裂纹和颗粒接触面上的黏弹性摩擦滑动这一物理现象为形成 DME 的一种机理,揭示了岩石对所承受应力加载信息包括地应力信息具有普遍记忆效应的深层原因。机理的提出以裂纹初始应力值以下应力区域物理试验为基础,得到后续一维模型、轴对称模型、各种物理试验的证明。机理为正确分析 DME 及分析采用 DRA 法测量地应力提供了基础。

(3)构建基于黏弹性摩擦滑动的一维理论模型。模型结论解答了 DME 的一系列问题,得到物理试验的证明,同时得出了对 DRA 法测量地应力具有重要实用价值的成果:轴向 DRA 曲线基本形状的结论,给出 DRA 折点的选取原则,将提高 DRA 法对地应力测量的精度;人工及地应力记忆效应的结论,为研究者将人工记忆效应的结论应用于地应力测量提供了依据,极大地丰富了研究 DRA 法测量地应力的手段;给出利用人工记忆效应来研究地应力记忆效应需要满足的条件,即试样需要达到"饱和应变"状态;地应力属于长期精确记忆不存在失忆性的结论,为长时间放置的岩芯仍可以进行精确的应力测量提供了依据。

(4)构建基于黏弹性摩擦滑动的轴对称模型。轴对称模型联合物理试验,对侧向 DRA 曲线的形状、精度、变化规律给出解答,为地应力的测量提供了一种可靠的数据来源,将极大地提高 DRA 法测量地应力的精度。针对伪三轴应力状态下的地应力测量问题给出解答:DRA 法测得的应力值为伪三轴应力状态下轴压、围压和测量加载中的围压的线性组合,其中线性参数值大于等于 0,与岩石类型有关。基于这一结论,提出了运用单轴 DRA 法结合人工记忆效应测量伪三轴应力状态下记忆信息(如地应力)的新方法。

本书的出版得到了南京水利科学研究院出版基金资助,在此表示衷心的感谢。

目录 CONTENTS

第 1 章

绪　论

1.1　研究背景及意义

众所周知,地应力[1-2]大小及方向的准确测量对于各种岩石相关问题的分析具有重要意义。如基本地质运动规律(板块运动、地震等)的解释及预测[1];地下结构工程围岩的长期和短期稳定的分析[3],开挖方法的选择,支护系统的设计[4],岩爆的预测[5]等;地上露天岩石工程的开挖与支护的设计[6]。准确的地应力信息为数值分析的初始输入参数,是正确结果的保证[7]。地应力测量方法有很多种[2,8-9],被国际岩石力学学会推荐且最为常用的两种方法为:套芯应力解除法[10]和水力致裂法[11-12]。这两种方法都属于现场地应力测量方法,需要大量的人力资源和仪器等,成本高且存在各种问题[13-14]。对地应力大小及方向进行准确、简便的测量仍是工程中最困难的问题之一。

岩石、金属等多种材料被证明具有储存外界对其影响的信息(如应力、温度),并能在一定条件下通过某种物理量显示这些信息的特性,这种特性被称为记忆效应(Memory effect)[15-22]。岩石变形记忆效应(Deformation Memory Effect,DME)[16]是岩石众多记忆效应中的一种,指可通过对岩石变形数据的分析获取其记忆信息的特性,这是一种被普遍证明的岩石特性[13,23-27]。

很自然地推测,地应力同样是作用于岩石上的一种应力,也会被岩石记忆。如果能够利用 DME 达到对地应力大小及方向的准确、简便的测量,这无疑将是对地应力测量的巨大推动。变形率变化法(Deformation Rate Analysis,DRA)[16]正是基于这一思路,通过对某区域岩芯或岩块的试样进行连续压缩,达到对其记忆信息的读取,进而得到该区域地应力信息。DRA 法于 1990 年在日本被提出,本身具有成本低、用时少的优势,而且被证明不受岩石参数各向异性影响[28-29]。日本、澳大利亚、韩国等国的研究者,对这一思路和方法进行了大量的实践,其对地应力大小及方向的测量精度得到了水力致裂法、套芯应力解除法等传统方法测量结果的支持。

Yamamoto 等[16,30-32]在不同时期采用 DRA 法对日本 Esashi、Yasato、Shimoda、Shibakawa、Toshima、Ikuha 等不同区域地质类型、不同岩石类型、不同深度(17～842 m)的地应力进行测量,其结果得到其他研究者[33-37]采用不同方法如水力致裂法、套芯应力解除法测量结果的支持。Dight 等[26,38-42]从 2002 年到

2012 年采用 DRA 法对澳大利亚、芬兰、西班牙、巴基斯坦等不同国家各类地下工程超过 50 处区域(深度跨度 400~1 132 m)的地应力进行了测量,其结果得到了澳大利亚联邦科学与工业研究组织(Commonwealth Scientific and Industrial Research Organisation,CSIRO)空心包体式钻孔应变计测量技术、水力致裂法等的支持[43-44]。值得注意的是,其中一些测量是在对岩芯所处地质、开采深度等信息一无所知的情况下,凭借对岩芯记忆信息的读取,达到了对建立在岩芯坐标系下的地应力测量的目的(只需要对岩芯的钻取方向进行坐标系转化,即可与传统方法所得结果进行对比)。Yabe 等[25,45-47]于 2003 年到 2011 年间同样采用 DRA 法对多处区域地应力进行了测量,如日本 Awaji 岛深度为 310~720 m 的三处区域、日本中心地区深度为 327 m 和 333 m 的两处区域、中国台湾深度跨度为 739~1 316 m 的五处区域,测量结果得到不同途径的支持。其中值得注意的是,Yabe 等[46]在 2010 年专门以"DRA 法与改进的水力致裂法对地应力测量的对比"为主题,结合日本某处 4 种深度(介于 300~400 m 之间)的地应力测量,对两种方法进行了详细的研究。通过系统分析和对比:采用 DRA 法对此区域放置时间为 4 年的 6 种岩芯的记忆信息的读取得到的地应力,其大小及方向与改进的水力致裂法测量结果一致。由此,Yabe 等[46]指出,DRA 法可以用于地应力测量,并且成本低、用时少。此外,Tamaki 等[48-49]、Sato 等[25]、Park 等[50]、Villaescusa 等[51]、Seto 等[24,52-54]不同研究者对世界范围内多处区域地应力进行了测量,并得到了水力致裂法、套芯应力解除法等不同途径的支持。中国的研究者同样对 DRA 法测量地应力进行了初探,2010 年谢强等[55]最早依托葡萄牙项目利用 DRA-Kaiser 法进行地应力测量;2015 年葛伟凤等[56]采用 DRA-Kaiser 法对我国西部某油田盐膏层地区进行地应力测量;2017 年石凯等[57]对铜绿山矿 XIII 号矿体 1 010 m 深处的地应力开展 DRA 联合声发射法测量研究;2018 年杨东辉等[58]在鄂尔多斯盆地进行基于 DRA 及 Kaiser 效应的地应力测量研究。

这一系列的成果更进一步表明,DME 在地应力测量方面具有极大的潜力和前景。这对于我们继续研究如何利用 DME 进行地应力测量,是极大的鼓舞。

但是,任何一种方法的成熟都不可能一蹴而就:采用基于岩石 DME 的 DRA 法进行地应力测量实践的历史和范围,显然无法和水力致裂法、套芯应力解除法等传统方法相比。这一方法在现阶段仍存在许多亟待解答的问题,如 DRA 法读取记忆信息的精度有待提高;岩芯钻取后长时间放置是否影响地应力的测量;人工记忆效应的结论是否可以应用于地应力记忆效应;DRA 法是否受围压影响等。其中一个非常重要的问题是,对岩石 DME 的形成机理(或称形成该现象的深层次原因)认识不足,这直接影响到对 DME 诸多复杂现象及以上DRA 法测量地应力诸多问题的解答。

对任何一种物理现象的正确认识及较好的利用,都离不开对形成该现象的内在机理的把握。如图 1-1 所示,如果说对地应力的测量是 DME 这一物理现象的顶层应用之一,那么对 DME 形成机理及运行规律的理解则是所有应用的底层基础。同时需要认识到:地应力的记忆和岩石对所承受应力具有普遍记忆,两者之间存在"普遍与特殊"的关系,前者是后者较为特殊和复杂的一种。因此,把握好 DME 的形成机理及运行规律,和地应力测量相关的诸多问题也将随之得到解答。

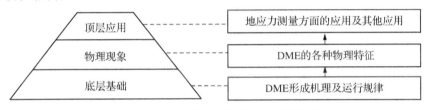

图 1-1　DME 形成机理与地应力测量的关系

但是,国际上至今并没有针对形成 DME 的力学机理的系统研究,也不存在相应的理论模型,仅有些叙述性的推测。一方面,DME 机理研究的缺失及相应理论模型的缺失,严重阻碍着人们对 DME 本身的正确认识,使人们无法解释其各种复杂甚至矛盾的物理现象,如 DME 存在于低于微裂纹初始应力值以下区域的现象[59]、失忆性现象、初始加载保持时间与重复次数相关现象等;另一方面,对 DME 的认识不足,必然严重阻碍对利用 DME 进行地应力测量这一方法的诸多问题的解答,如上所述的 DRA 法测量精度的提高、地应力信息储存时间的长短等。因此,DME 形成机理的系统研究及相应理论模型的建立,对正确、深入地认识 DME 这一岩石物理特性,进而解答如何更好地利用 DME 进行地应力测量具有重要意义。

综上所述,开展岩石 DME 形成机理及规律的研究,对于 DRA 法测量地应力这一全新方法的发展和成熟,具有重要意义;同时也将在国内水工地下洞室工程、石油开采工程、矿山工程、军事国防工程等事关国计民生的工程上及地质运动的预测上体现出重要的应用价值。

1.2 本书主要研究内容

本书在进行大量物理试验的基础上,提出了岩石内部微裂纹及颗粒接触面的黏弹性摩擦滑动为形成岩石 DME 的一种机理;基于这种机理,建立了一维理论模型及轴对称理论模型;从机理及理论模型这一底层基础出发,不仅对 DME 本身诸多问题进行了解答,而且对利用 DME 进行地应力测量问题进行了阶段性的解答。主要研究内容如下:

(1) 针对 DME 及 DRA 法在国内研究的空白,单独设立一章,向国内引进 DME 及 DRA 法的应用步骤、DRA 折点识别方法、地应力计算、DRA 法关键技术等。其中 DRA 法关键技术包含笔者在地应力测量实践中得到的经验性成果。

(2) 采用富士岩材料、砂岩和火山沉积岩进行物理试验。前两者用来进行人工记忆效应试验,火山沉积岩试样用来进行地应力记忆效应试验。物理试验针对 DME 存在于低于裂纹初始应力值以下区域的现象给予支持,同时给出 DME 的基本特征等。物理试验为机理的提出提供了基础。

(3) 采用浅层地区的砂岩和花岗岩作为物理试验研究对象,系统地开展了包括初始放置加载路径、初始保持加载路径、变含水率加载路径、初始循环加载路径、变应力峰值加载路径和变加载方向路径六种不同的加载路径下单轴室内人工 DRA 试验,基于对试验得到的 DRA 曲线进行分析,得到单轴压缩下岩石 DME 的时效性、失忆性以及复杂路径下岩石 DME 的物理试验规律,为机理的提出及理论分析提供基础。

(4) 提出一种新的岩石 DME 的形成机理:岩石内部微裂纹和颗粒接触面的黏弹性摩擦滑动。基于此,采用弹性元件、圣维南体、黏性元件建立了一维模型。引入无量纲分析法对基本单元进行分析。在此基础上,构建多接触面理论模型用于模拟岩石试样。按照物理试验的加载方式进行理论模型的计算,并针对 DME 的以下问题进行解答:① 轴向 DRA 曲线的形状;② 岩石类型的影响;③ 失忆性现象;④ "饱和应变"问题;⑤ 初始加载保持时间的影响;⑥ 初始加载重复次数的影响;⑦ 人工记忆效应与地应力记忆效应;⑧ 长期记忆效应与短期记忆效应;⑨ 接触面黏聚力分布影响。将结论与物理试验进行详细对比,进而对机理及理论模型进行证明。

（5）基于一维理论模型，建立轴对称模型。首先采用三种加载方式对轴对称模型单轴压缩试验下的特性进行分析。其次，针对侧向 DRA 曲线的应用问题，给出了侧向 DRA 曲线的形状、测量准确度和变化规律，并与物理试验结果进行对比。再次，针对实际应用中含有围压的记忆信息的测量问题，设计了两种加载方案，分别对应单轴 DRA 法、含有围压的 DRA 法。利用单轴 DRA 法得到其测得的应力值与记忆信息中轴压和围压应力值之间的关系。最后基于此关系，提出运用单轴 DRA 法测量伪三轴应力状态记忆信息的新方法：结合人工记忆效应进行系列试验，确定线性参数，进而通过多组试验求解记忆信息，采用含有围压的 DRA 法进行验证。

第 2 章

岩石 DME 在地应力测量中的应用

本章主要内容包括 DRA 法测量地应力的步骤、DRA 折点的识别方法、地应力的计算、DRA 法关键技术。需要指出的是,DRA 法关键技术是笔者通过在澳大利亚参与的大量地应力测量实践总结出来的经验性成果。

2.1　岩石 DME 及 DRA 法

DRA 法测量地应力的基础是岩石 DME。岩石具有储存外界对其影响的信息,并能在一定条件下通过某种物理量显示这些信息的能力,此为岩石记忆效应。已知的外界影响因素可以是应力[15],也可以是温度[22,60]。对于岩石记忆效应,根据其显示记忆信息的物理量不同,存在以下多种记忆效应:DME[16];声发射记忆效应(又称 Kaiser 效应[61-63]);离子发射记忆效应[19];导电率记忆效应[18];电磁发射记忆效应[64-65]等。

岩石 DME 是指可通过对岩石变形数据的处理分析获取其对应力或温度记忆信息的特性。以最简单的单轴循环压缩试验为例介绍其概念,如图 2-1 所示:首先在试样上施加应力峰值为 σ_p 的初始加载,当后续加载(i)应力超过初始加载应力最大值 σ_p 时,应力-应变曲线将会发生变化,变化点即对应该试样轴向初始加载方向上的最大应力值 σ_p,此为 DME。

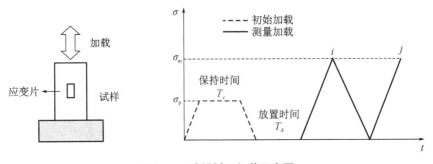

图 2-1　试样循环加载示意图

此处概念可以推广,岩石对于各种应力具有普遍的记忆效应,初始加载的 σ_p 可以是室内人工的单轴或多轴压缩应力,也可以是自然地质过程中产生的各种形式的应力,如地应力。本章根据初始加载存在的两种情况,同时也为后文叙述方便,给出了以下两个概念:地应力记忆效应(in situ stress memory effect)和人工记忆效应(artificial memory effect),分别对应形成地应力的自然地质作用和室内试验室的人工加载。对于地应力记忆效应,T_c 指形成地应力的长期地质作用时间。此处需要强调的是,两个概念只是单纯从制造记忆信息的初始加载方式上的不同来区分的,并非从形成机理上来区分。

对于人工记忆效应,放置时间(T_d)指初始加载完成后到进行第一次测量加载的时间;对于地应力记忆效应指岩芯或岩块从地应力状态开采后到进行测量加载的时间。DME 并非总是永久记忆,一般情况下随着放置时间(T_d)的增加,记忆信息测量准确度将下降,甚至完全消失:此现象为 DME 的"失忆性(memory fading)"[15]。

DME 同时与诸多因素有关,如岩石类型、放置时间长短、初始加载时间长短、初始加载次数多少等。本章将对每一因素对应的一个或多个实际问题进行详细探讨。

在岩石 DME 中,一个重要且难度较大的问题是记忆点位置的识别与读取,即记忆信息检测方法问题。岩石所储存的信息一般是通过试验室内压缩试验获得的。最直接的方法是通过检测应力-应变曲线的坡度变化点(或称切线弹模变化点)来进行识别。但是,Yamamoto 等[16]指出此方法并不可靠,记忆效应产生的应力-应变曲线变化点有时并不明显,而且更重要的是常常被其他非记忆效应的原因产生的变化所覆盖。为解决此问题,Yamamoto 等[16]提出了变形率变化法(DRA 法)。

结合图 2-1 和图 2-2,DRA 法首先需要借助单轴循环压缩试验中的应变差函数

$$\Delta\varepsilon_{i,j}(\sigma)=\varepsilon_j(\sigma)-\varepsilon_i(\sigma), \quad j>i \tag{2-1}$$

式中,$\varepsilon_i(\sigma)$、$\varepsilon_j(\sigma)$ 分别代表第 i 次和第 j 次加载中的轴向应变;σ 是相应的轴向应力;取压应力及压应变为正。式(2-1)消除了连续两次压缩的轴向应变曲线中的可逆应变部分,得到轴向非可逆应变的差值。试样加载如图 2-1 所示,虚线部分所表示的"初始加载",是指形成记忆信息的加载,其峰值应力为 σ_p,可以是室内试验室的仪器设备加载,也可以是自然界中的外力过程,如形成地应力的地质作用过程;实线部分为连续两次峰值相同的加载,在室内试验室进行,为测量初始加载形成的记忆信息提供应力应变数据,所以称作"测量加载",应力峰值为 σ_m。应变差函数及 DRA 法的描述如图 2-2 所示,其中,应变差相对于应力曲线称为 DRA 曲线。DRA 曲线中会出现一个特殊的折点,此折点对应的应力 σ_{DRA} 即试样在加载方向上所记忆信息 σ_p,称为 DRA 折点。利用 DRA 法

测量人工记忆效应时，σ_{DRA} 对应室内试验测量加载之前最大加载应力值；利用 DRA 法测量地应力信息时，σ_{DRA} 对应地应力在试件轴方向的应力信息。综上所述，通过两次测量加载得到 DRA 曲线，由曲线得到 DRA 折点，再由 DRA 折点对应的 σ_{DRA} 最终得到记忆信息 σ_p，此即为变形率变化法（DRA 法）。

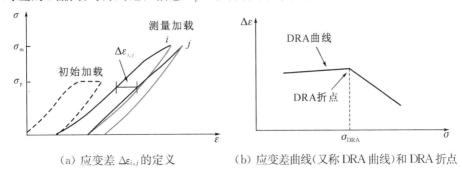

（a）应变差 $\Delta\varepsilon_{i,j}$ 的定义　　　（b）应变差曲线（又称 DRA 曲线）和 DRA 折点

图 2-2　变形率变化法（DRA 法）定义[66]

一般采用轴向应变计算应变差函数，此后，轴向应变差相对于应力的曲线统称为轴向 DRA 曲线。轴向 DRA 曲线的形状有很多种，但基本在 DRA 折点处向下弯曲，其特征在后面章节将进行详细说明。同理，采用侧向应变计算得到的 DRA 曲线，此后统称为侧向 DRA 曲线，其各种特征将在后文的物理试验及理论模型中进行详细探讨。

一般测量加载为单轴压缩，为后文叙述方便，本书称之为单轴 DRA 法（如无特殊说明，都为单轴 DRA 法）；如果测量加载中含有围压，那么称之为含有围压的 DRA 法。

2.2　DRA 法测量地应力的步骤

采用单轴循环加载试验实现 DRA 法测量地应力的一个假设[51]为：试样从岩芯或岩块钻取后，进行连续压缩试验，计算应变差，得到 DRA 曲线，曲线上的 DRA 折点对应的应力值为岩芯或岩块在该加载方向的正应力值部分。

在测量地应力时，只需两次单轴测量加载即可完成，如图 2-3 所示，其中 DRA 折点对应的应力值 σ_{DRA} 为该试件轴方向的正应力值 σ_N。

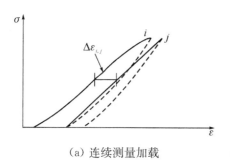 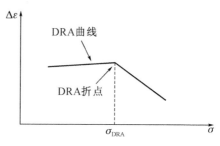

（a）连续测量加载　　　　　（b）通过 DRA 曲线得到试件轴方向正应力

图 2-3　DRA 法测量地应力

由此，对于已知在地层中所处位置和方向的岩芯或岩块都可以作为 DRA 法的试验材料。DRA 法首先进行试样的钻取，然后采用加载仪器对每个试样进行记忆信息的读取，由六个不同方向的正应力分量及试样在岩芯中钻取的角度计算出主应力的大小，由岩芯在地层中的钻取方向，得到该岩芯所在位置的主应力方向。

DRA 法测量地应力可分为以下几个步骤，图 2-4 为基本步骤的流程图。

（1）钻取所要测量地应力区域的岩芯或岩块：需要知道岩芯或岩块的位置、方向；

（2）从岩芯中按照六个不同方向钻取试样，记录轴方向，对试样进行切割、磨平工作；

（3）对试样进行连续两次的循环加载试验，以及数据记录等工作；

（4）计算 DRA 法应变差函数，得到每个试样轴方向的 σ_{DRA}（即轴方向的正应力 σ_N）；

（5）通过六个方向的 σ_N 及六个方向角度计算出地应力主应力大小及方向。

由以上步骤可知，DRA 法所需的仪器及试验步骤和室内测量岩石弹性模量、单轴抗压强度等参数的试验几乎一样，主要差别在于应变差函数的计算。无须购置特殊仪器，而且对操作无特殊要求，这是 DRA 法可以普及推广的巨大优势。

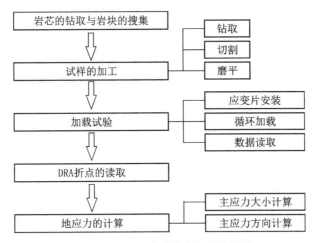

图 2 - 4 DRA 法测量地应力流程图

2.3 试样的加工与加载

2.3.1 切片切割法

假设地壳应力分为五个方向,其中一个为竖直应力,另外四个为水平应力并以 45°为间隔分布。我们按照如图 2 - 5 所示方案,每个方向切取 3 个试样,试样尺寸为 15 mm×15 mm×38 mm,并分别用 1、2、3 标号。最后,根据试验需要给试件贴上应变片。

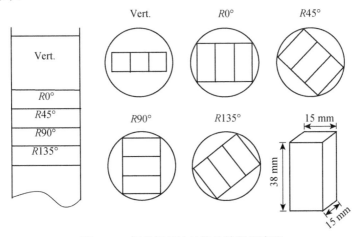

图 2 - 5 切片切割法的岩芯钻取示意图

2.3.2　三维取芯法

　　大多数研究者将试样加工为光滑圆柱,也有一些研究者采用立方体试样。试样的形状、尺寸根据岩芯或岩块的形状、大小来确定。试样要求端面平行,表面平滑。加载过程要求尽量避免对试样的干扰。试样需要按照六个不同方向进行钻取。在岩块或岩芯之上,建立三维局部笛卡儿直角坐标系。岩块钻取方案示意图如图 2-6 所示;岩芯钻取方案如图 2-7 和图 2-8 所示。图 2-6、图 2-7 及图 2-8 中的六个试样在岩块或岩芯的局部坐标系中与 X 轴、Y 轴、Z 轴的夹角分别为 $(90°,90°,0°)$;$(0°,90°,90°)$;$(90°,0°,90°)$;$(45°,45°,90°)$;$(45°,90°,45°)$;$(90°,45°,45°)$。需要指出的是,根据岩芯或者岩块的不同情况,可以采取与图中不同的钻取方向。

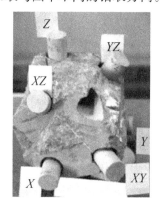
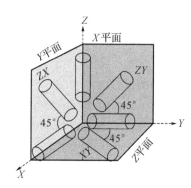

图 2-6　岩块钻取方案示意图[93]

图 2-7　标准岩芯上钻取试样实物图[51]

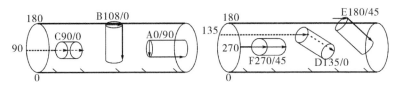

图 2-8　岩芯钻取方案示意图[94]

　　笔者整理了相关文献,并对其中试样制作方法进行了大致分类,如图 2-9 所示。从图中我们可以看出,第一类试样制作方法出现较早,但是应用较少;而第二类试样制作方法虽然出现较晚,但是应用更为广泛。

图 2-9　试样制作方法归纳

2.4　DRA 折点的识别

　　轴向 DRA 曲线形状各异,即使对于最简单的单轴压缩人工记忆效应的 DRA 曲线,折点也会出现不同的形状。最为理想的情况是整条轴向 DRA 曲线波动不大,且只有一个明显的折点,如图 2-10 所示。此种情况下,可直接判断出 DRA

折点。在 DRA 曲线弯曲度较为平缓或者波动较大的情况下,可借助直线标示的方法,将 DRA 折点选出。如图 2-10(a),沿 DRA 曲线前段变化趋势画出一条直线,DRA 曲线与直线分离处为 DRA 折点;也可沿 DRA 曲线前段和后段变化趋势线同时画出两条直线,两条直线相交处为 DRA 折点,如图 2-10(c)。

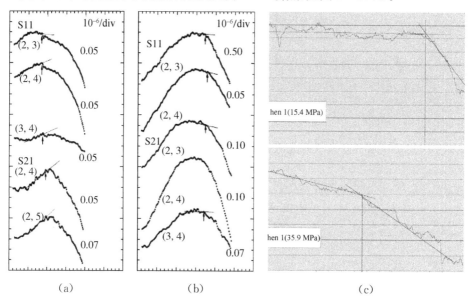

(a) (b) (c)

图 2-10 借助直线标示的 DRA 折点[13,32]

这种方法的优点是简单易行,可以很快排除由于仪器或者试样本身特性产生的非 DRA 折点;缺点是较为依赖人的经验、主观性较强,特别是对于折点较为模糊的 DRA 曲线,应用此方法有时并不能保证 DRA 折点的读取精度。

为此,Utagawa 等[23]采用最小二乘法进行 DRA 折点的判断,进一步提高了 DRA 法的精度。首先通过在较为模糊的折点处确定一个折点值,记作 σ_{q1}。σ_{q1} 将 DRA 曲线分成两部分:第一部分为曲线起点到 σ_{q1},第二部分为 σ_{q1} 到曲线末端。然后采用最小二乘法分别对曲线的两部分进行直线拟合,两直线的交点对应的应力记作 σ_{q2}。判断 σ_{q1} 是否等于 σ_{q2},如果不相等,则以 σ_{q2} 代替 σ_{q1},继续以上过程;如果 $\sigma_{q1} = \sigma_{q2}$,则取 σ_{q1} 为 σ_{DRA},作为 DRA 折点对应的应力值。此方法避免了一定的主观性。

Villaescusa 等[51]针对 DRA 折点不是太明显的情况提出了自己的建议。首先定义在坐标点 i 处,DRA 曲线相对于应力坐标轴的坡度:

$$l(i) = \frac{\Delta\varepsilon_{12}(i+5) - \Delta\varepsilon_{12}(i-5)}{\sigma(i+5) - \sigma(i-5)} \qquad (2-1)$$

式中,$l(i)$ 为 DRA 曲线在 i 点处的坡度;$\Delta\varepsilon_{12}$ 为连续测量加载的应变差;"5"为计算范围,可以调整。将求出的一系列坡度值 $l(i)$ 进行标准化处理:

$$N[l(i)] = \frac{l(i) - \min[l(i)]}{\max[l(i)] - \min[l(i)]} \qquad (2-2)$$

式中,$\max[l(i)]$ 为 $l(i)$ 值域中最大值,$\min[l(i)]$ 为 $l(i)$ 值域中最小值。可知 $N[l(i)]$ 介于 0 到 1 之间。此方法需要选取物理试验中具有清晰 DRA 折点的数据,计算对应 DRA 折点 $N[l(i)]$ 的值,以此值作为控制阈值。对于 DRA 折点不清晰的曲线,结合此阈值对 DRA 折点进行确认。

可知,Utagawa 等[23],Villaescusa 等[51] 提出的方法是对 DRA 折点确定方法的补充。

另外,Wang 等[97-98]对于 DME 的记忆点的确定,跳过了 DRA 法,借助移动窗口[99]的概念,采用分形方法[100-102],直接在应力-应变曲线上寻找对应记忆信息的变化点。其基本原理为:压缩过程中,试样在记忆点前后,内部会出现力学行为的变化,进而表现为应力-应变曲线不规则度的变化,即应力应变分形维数发生变化。采用移动窗口沿着应力-应变曲线移动,计算落入移动窗口内的分形维数。由分形维数的突变点确定记忆信息点。分形方法对于曲线不规则度非常敏感,理想情况下此方法在数值分析的结果中应用较好。但是,由于物理试验中的数据受各种误差影响,因此试样内部力学行为的变化引起的应力-应变曲线不规则度的变化可能会被这些误差所覆盖,分形方法在此种情况下应用效果并不理想。

2.5　地应力主应力的计算

2.5.1　切片切割法

对于水平试样,在正确获取 DRA 折点的前提下,弯曲应力与方位角的关系可以用方位角的正弦函数表示:

$$\sigma_0(\theta) = \frac{\tau_{xx} + \tau_{yy}}{2} + \frac{\tau_{xx} - \tau_{yy}}{2}\cos2\theta + \tau_{xy}\sin2\theta \qquad (2-3)$$

式中，$\sigma_0(\theta)$ 是弯曲应力或者地应力在垂直与荷载方向平面上的法向分量；θ 是方位角；τ_{xx}、τ_{yy} 和 τ_{xy} 是地应力分量；x 轴和 y 轴取于水平面。用式(2-3)表示的水平应力分布是确定折点的附加条件。这一条件在我们不能确定唯一折点时尤为适用。

由式(2-3)求得最大、最小水平应力是为了得到弯曲应力与方位角的关系。这里我们假设其中一个主应力方向为竖直方向，定义为参数 r，公式如下：

$$r=\frac{\sigma_1-\sigma_3}{\sigma_1+\sigma_3} \tag{2-4}$$

式中，σ_1 和 σ_3 分别为最大、最小主压应力。一般情况下，表面的摩擦力增加与表面正应力分量的增加成正比。因此，r 可以看作是摩擦滑动的剪应力水平的一个指标。此处参数 r 被称为相对剪切应力。

2.5.2　三维取芯法

将六个试样轴方向的正应力，记作：

$$\boldsymbol{\sigma}_{\mathrm{N}}=\begin{bmatrix}\sigma_{\mathrm{N1}}\\\sigma_{\mathrm{N2}}\\\sigma_{\mathrm{N3}}\\\sigma_{\mathrm{N4}}\\\sigma_{\mathrm{N5}}\\\sigma_{\mathrm{N6}}\end{bmatrix} \tag{2-5}$$

式中，$\sigma_{\mathrm{N}i}$ 代表第 i 个试样轴方向的正应力。空间内任意一斜面上的正应力计算公式为[101]：

$$\sigma_{\mathrm{N}}=\sigma_x l^2+\sigma_y m^2+\sigma_z n^2+2\tau_{xy}lm+2\tau_{yz}mn+2\tau_{zx}nl \tag{2-6}$$

式中，l,m,n 为此斜面上的方向余弦。

将六个应力分量 σ_x、σ_y、σ_z、τ_{xy}、τ_{yz}、τ_{zx} 记作：

$$\boldsymbol{\sigma}=\begin{bmatrix}\sigma_x\\\sigma_y\\\sigma_z\\\tau_{xy}\\\tau_{yz}\\\tau_{zx}\end{bmatrix} \tag{2-7}$$

应力分量的系数记作：

$$C=\begin{bmatrix} l_1^2 & m_1^2 & n_1^2 & 2l_1m_1 & 2m_1n_1 & 2n_1l_1 \\ l_2^2 & m_2^2 & n_2^2 & 2l_2m_2 & 2m_2n_2 & 2n_2l_2 \\ l_3^2 & m_3^2 & n_3^2 & 2l_3m_3 & 2m_3n_3 & 2n_3l_3 \\ l_4^2 & m_4^2 & n_4^2 & 2l_4m_4 & 2m_4n_4 & 2n_4l_4 \\ l_5^2 & m_5^2 & n_5^2 & 2l_5m_5 & 2m_5n_5 & 2n_5l_5 \\ l_6^2 & m_6^2 & n_6^2 & 2l_6m_6 & 2m_6n_6 & 2n_6l_6 \end{bmatrix} \tag{2-8}$$

由此得到：

$$\boldsymbol{\sigma}_N = \boldsymbol{C\sigma} \tag{2-9}$$

由此，由 DRA 折点读取的六个试样轴方向正应力可求出地应力在局部坐标系中的应力分量：

$$\boldsymbol{\sigma} = \boldsymbol{C}^{-1}\boldsymbol{\sigma}_N \tag{2-10}$$

由岩芯的应力分量 $\boldsymbol{\sigma}$ 可得三个主应力及主方向，其计算过程如下：

在空间应力状态下一点的应力分量有三个主方向，三个主应力。在垂直主方向的面上，$\tau_N = 0$，σ_N 即主应力，为与前文正应力区别，三个主应力分别记作 σ_1，σ_2，σ_3。三个主应力方向与坐标轴的夹角余弦记作 l'，m'，n'。由弹性力学知：

$$\begin{cases} (\sigma_x - \sigma)l' + \tau_{yx}m' + \tau_{zx}n' = 0, \\ \tau_{xy}l' + (\sigma_y - \sigma)m' + \tau_{zy}n' = 0, \\ \tau_{xz}l' + \tau_{yz}m' + (\sigma_z - \sigma)n' = 0 \end{cases} \tag{2-11}$$

上式是关于 l'，m'，n' 的齐次方程。由于

$$l'^2 + m'^2 + n'^2 = 1 \tag{2-12}$$

因此 l'，m'，n' 不可能同时为零，即方程组（2-11）有非零解，其系数行列式为零。展开系数行列式，三个主应力可由下列方程求得：

$$\sigma^3 - I_1\sigma^2 - I_2\sigma - I_3 = 0 \tag{2-13}$$

式中，

$$\begin{cases} I_1 = \sigma_x + \sigma_y + \sigma_z, \\ I_2 = -\sigma_x\sigma_y - \sigma_y\sigma_z - \sigma_z\sigma_x + \tau_{xy}^2 + \tau_{yz}^2 + \tau_{zx}^2, \\ I_3 = \sigma_x\sigma_y\sigma_z + 2\tau_{xy}\tau_{yz}\tau_{zx} - \sigma_x\tau_{yz}^2 - \sigma_y\tau_{zx}^2 - \sigma_z\tau_{xy}^2 \end{cases} \tag{2-14}$$

当坐标方向改变时，应力分量均将改变，但主应力的数值是不变的，因此上式的关系也不变。由于系数 I_1，I_2，I_3 与坐标无关，因此称作应力张量不变量，

通常分别叫作应力张量第一不变量、第二不变量、第三不变量。

方程(2-13)有三个实根,分别对应三个主应力值 σ_1,σ_2,σ_3。求解此方程,即可得到三个主应力的值。将三个主应力值代入方程组(2-11),求解方程组即可求出在岩芯或岩块局部坐标系中相对应的三个主方向。

2.6　DRA 法关键技术

DRA 折点越清晰,DRA 法的测量精度越高,故试验中就要尽量去除对应力-应变曲线的干扰因素。在采用 DRA 法测量地应力之前,首先需要进行人工记忆效应试验,对仪器及操作进行检校工作。直到去除所有可能的干扰,得到极为清晰的人工记忆效应 DRA 折点才可以进行地应力的测量工作。

采用 DRA 法测量地应力时,对试样的上下表面平行度要求比一般试样要高,国际岩石力学学会(International Society of Rock Mechanics,ISRM)建议岩石试样上下端面平行度一般在 0.02 mm 以内,根据笔者参与的大量物理试验[39,102-103],平行度一般要控制在 0.01 mm 以内。平行度不好的试样在压缩过程中发生极小的弯曲现象,都会影响到地应力的测量。试样变形的不均匀,会造成试样侧面各个应变片记录的应变数据的差别很大,进而造成 DRA 曲线的不规则。

试样上下表面的平整度(或粗糙度)对试验结果也有影响。在试样压缩初期,仪器将试样压紧,若试样上下表面较为粗糙,则较为突出的部分将会出现损伤现象。表现为压缩初期出现声发射现象,在随后的压缩中反而消失,直到压缩应力值超过微裂纹初始应力值时再次出现。试件上下表面的损伤,会反映在DRA 曲线上,对记忆点的判断造成干扰。建议在试样上下表面采用细砂纸磨平的基础上,放置垫层。

试样的形状可以是圆形也可以是方形,研究中未见对尺寸的要求,任何尺寸都储存着地应力信息。岩芯的钻取,试样的二次钻取、切割、磨平等操作本身会对试样造成扰动,这部分扰动产生的影响,至今未有量化的研究。试样的尺寸越大,受干扰越小,保守起见,建议根据试验条件尽量保证试样尺寸为最大。

岩芯或岩块开采后,放置时间尽量短。一方面,放置时间越短,失忆性出现及加深的可能性会降到最低。另一方面,放置时间短,可以避免温度、湿度[104]

对记忆信息的影响。岩石不仅对压载有记忆效应,而且对温度也有记忆效应。温度会使岩石内部发生力学变化。对于湿度的影响,基于人工记忆效应的研究表明,已完成初始加载的试样在潮湿环境下放置后,会出现记忆信息完全消失的现象。

如前文所述,DRA 折点有时会很难判断。但是此缺点可以采取多试样测量的方法来解决。即在岩芯的同一区域、同一方向上钻取多个试样(建议三个或三个以上),由于方向相同,位置十分接近,因此每个试样对应的记忆信息也相同。因此,在确定 DRA 折点时,可以将多个试样的结果互相参照、验证,选取大多数试样都指向的折点作为 DRA 折点。由此,DRA 法的精度可以得到大幅度的提高。

在同一岩芯或岩块中,可以选取第七个方向进行试样钻取。由前六个的地应力测量结果推算第七个方向的正应力的值与 DRA 法测得的第七个方向的应力值相比较,可以进一步验证结果。

2.7　本章小结

本章将 DRA 法的试验步骤、试样的加工与加载、DRA 识别方法、地应力计算等系统地向国内引进,在关键技术这一块,包含了笔者在澳大利亚参与的大量试验及地应力测量应用的经验性成果。

第 3 章
岩石 DME 的基本特征

本章通过进行物理试验,得到了一系列成果,如岩石 DME 的基本性质、轴向 DRA 曲线的形状、侧向 DRA 曲线的形状及 DRA 折点等,并得出了与人工记忆效应、地应力记忆效应相关的结论。

特别针对 DRA 法测量地应力中存在的问题:(1) 轴向 DRA 折点的判断原则;(2) 地应力记忆效应是否存在失忆性;(3) DRA 法测量地应力的精度问题;(4) 人工记忆效应成果是否可以应用于地应力记忆效应;(5) 采用人工记忆效应进行地应力记忆效应研究需满足的条件等,本章将给出解答。

3.1　岩石 DME 的基本特征研究进展

如何准确判断 DRA 折点的位置是研究岩石 DME 和 DRA 法应用最重要的问题之一。DRA 折点的准确判断直接影响 DRA 法测量地应力的精度。

由已有文献提供的 DRA 曲线图形可知,大部分 DRA 曲线取向下弯曲的折点为对应记忆信息的折点。但是,DRA 曲线在 DRA 折点之前可呈现各种情况:向上的趋势,水平或向下的趋势,如图 3-1 和图 3-2 所示。

Yamamoto 等[16]为了将 DRA 法应用于地应力测量,首先进行了人工记忆效应试验,对 DRA 法测量 DME 的能力进行了验证和研究。选择花岗闪长岩(弹性模量为 20 GPa)和中性长石(弹性模量为 57 GPa)制作试件并进行了单轴压缩试验。试样来自日本本州岛东北部的福岛县。试件为圆柱形,直径为 18.5～18.8 mm,长度为 40～45 mm。采用轴向应变进行应变差计算,人工记忆效应的试验结果如图 3-1 所示,轴向 DRA 曲线呈现先上升后下降的形状特征,曲线最为明显的变化点为 DRA 折点。此种情况,DRA 折点非常明显,易于判断。此外,Park 等[50]、Seto 等[54]、Hunt 等[13]、Sato 等[25]、Yabe 等[47]的研究中都出现了此种在 DRA 折点前上升的 DRA 曲线。

Lin 等[27]同时采用了台北的木山砂岩试样进行了有围压情况下的人工记忆效应的研究,部分轴向 DRA 曲线如图 3-2 所示,图中箭头标记处为 DRA 折点。由图 3-2 可知,轴向 DRA 曲线在 DRA 折点前出现水平或下降趋势。Utagawa 等[23]、Seto 等[53]、Hunt 等[13]的部分结果中都给出了此类 DRA 曲线形状。

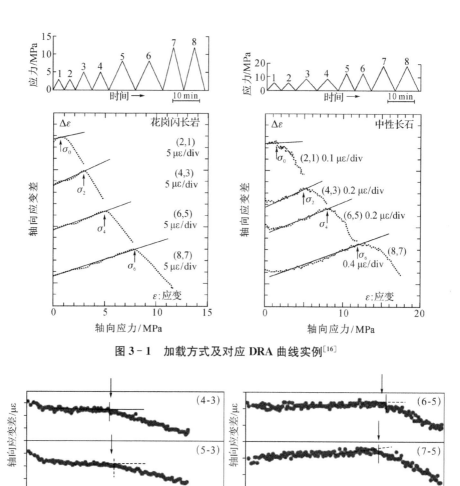

图 3-1　加载方式及对应 DRA 曲线实例[16]

图 3-2　轴向 DRA 曲线实例:在 DRA 折点前,轴向 DRA 曲线向下或水平[27]

Seto 等[52]对其试验成果中呈现的轴向 DRA 曲线形状特征进行了总结:DRA 折点在轴向 DRA 曲线上的位置有以下四种类型,如图 3-3 所示。图 3-3 中上部分为连续两次测量加载的应力-应变曲线,箭头标示处为 Seto 等[52]认为的 DRA 折点。

类型一:DRA 曲线在前期稍微下倾,在记忆信息处出现明显下折,折点较为剧烈,下折后的曲线呈现直线形状。

类型二:DRA 曲线前段开口有朝下趋势,后趋于平缓,在 DRA 折点处出现较为平滑的弯曲。结合应力-应变曲线,在第一次加载阶段的加载初期,试样处于裂纹闭合阶段,会有弹性模量上升的现象,造成了 DRA 曲线前段出现这种形状。

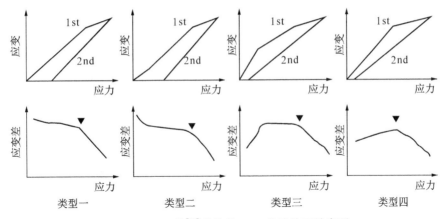

图 3 - 3　Seto 等[52] 总结的 DRA 曲线的四种类型

类型三:材料本身较不均质,使得当压力增加到一定程度时,应变增量出现变大的情形,而且由于材料发生变化,使得第二次加载时材料弹性模量和第一次加载时不同,造成 DRA 曲线出现先增加后转折的趋势。

类型四:第二次加载时,材料性质产生变化使得第二次加载弹性模量和第一次加载有明显不同,造成 DRA 曲线出现先增后减的趋势。

但是,在实际的 DRA 法应用中,DRA 曲线并非都像图 3 - 1、图 3 - 2 和图 3 - 3 中所示的只有一个且非常明显的折点。由于试样材料、加载系统等的不同,因此实际应用中的 DRA 曲线呈现出各种不同的形状,这对采用 DRA 法精确测量地应力造成了巨大的困难。以下给出几个实例:

图 3 - 4 给出了已有研究中一些存在大量折点的 DRA 曲线的示意图。Holmes[74] 在使用 DRA 法测量地应力时,发现轴向 DRA 曲线有两个折点,如图 3 - 4(a)箭头标示。Holmes 认为两个折点对应不同的记忆信息都为 DRA 折点,即 DME 存在多期记忆。Utagawa 等[23] 将 Kamechi 砂岩作为试验材料,他们认为,两个不同的折点分别对应初始加载的轴向应力和侧向应力,如图 3 - 4(b)所示。Dight[26] 试验中出现三个折点的情况,和 Holmes[74] 相同,他认为 DRA 曲线上不同的折点对应不同历史时期的最大应力信息,即认为 DME 存在多期记忆特征,其研究文献给出的实例如图 3 - 4(c)所示。图 3 - 5 同样给出了 DRA 法测量地应力的实例,可见,此处变化点更多,几乎难以识别 DRA 折点的位置。

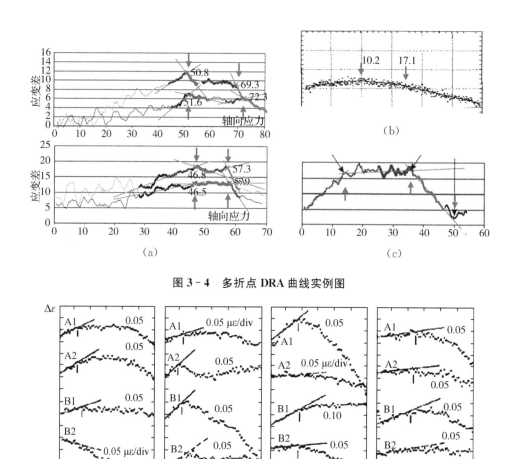

图 3-4　多折点 DRA 曲线实例图

图 3-5　多折点轴向 DRA 曲线实例图

除了出现多个折点外,图 3-6 给出了已有研究中一些渐变类型的 DRA 曲线的实例图[53-54,66]。由图 3-6 可知,DRA 曲线上没有明显折点,尽管研究者在图上标出了自己认为的 DRA 折点,但是主观性成分很大。不同人很容易给出不同的 DRA 折点,此时很难判断记忆信息的对应位置。

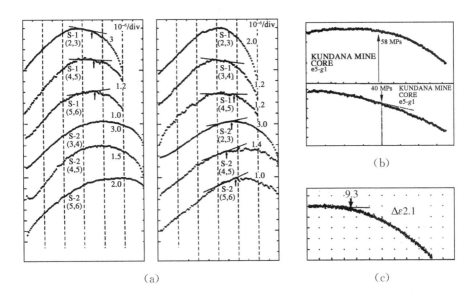

图 3-6　光滑渐变 DRA 曲线实例图

有一点需要明确,从理论上来讲,DRA 曲线出现折点的原因很多,并不能判断存在的折点就肯定对应记忆信息。一些研究[54-55]选择了十分特殊的 DRA 折点,如图 3-7 所示。这类曲线与绝大多数 DRA 折点选择方式不同,其正确性有待进一步的分析与验证。

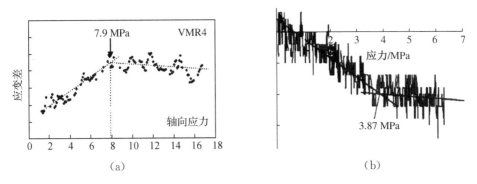

图 3-7　特殊的 DRA 曲线图

由以上分析可知,轴向 DRA 曲线一般倾向于选择后来发生下降转折时的折点对应记忆信息,对于下折较为明显的轴向 DRA 曲线,判断 DRA 折点不成问题。但是同样存在大量非典型的轴向 DRA 曲线形状,这是运用 DRA 法进行地应力测量应用最大的问题之一。从已有文献给出的结果来看,DRA 曲线形状存在两个问题：

（1）DRA 曲线上可能出现几种不同的折点，如何判断哪一个折点对应记忆效应？

（2）DRA 曲线整体变化较为光滑，无非常明显的折点，如何判断 DRA 折点的位置？

以上为轴向 DRA 曲线应用存在的问题。侧向 DRA 曲线如何应用于 DRA 法中，其曲线形状、所测应力、测量精度与轴向 DRA 曲线有何关系，这些问题仍然没有得到系统的论证甚至是关注。如果能够采用侧向 DRA 曲线进行测量，那么就为轴向 DRA 曲线提供了另一条判断依据，这对提高 DRA 法的精度具有重要意义。

因此，找到正确的 DME 形成机理，由机理推演出 DME 都能形成哪些折点，折点的特征如何，由此便可确认出正确的轴向、侧向 DRA 折点并排除非记忆效应形成的折点，那么这一问题将得到很好的解决。

3.2 岩石 DME 基本特征的物理试验

三种试验材料被选取用来研究岩石 DME 的基本特征，包括火山沉积岩、砂岩和人工材料富士岩。第一种材料用于地应力记忆效应研究，后两种材料用于人工记忆效应研究。

（1）火山沉积岩试样为天然材料，钻取于矿山岩芯，用来研究地应力记忆效应；

（2）砂岩试样为天然材料，用来研究记忆信息已知的人工记忆效应；

（3）富士岩试样取自人工制备材料，用来研究记忆信息已知的人工记忆效应。

3.2.1 试验参数及加载方案

1）火山沉积岩试样

此试样用于地应力记忆效应研究，钻取自澳大利亚某矿场的标准岩芯。试样为圆柱形，其轴向方向在矿场处与重力方向一致。直径为 19.1 mm，长度为

48.7 mm。同一区域、相同尺寸的试样在 100 MPa 的单轴压缩条件下,未出现断裂现象,以此判断试样单轴抗压强度大于 100 MPa,杨氏模量为 98.5 GPa,密度为 2 940 kg/m³,泊松比为 0.273。试样及应变片的安装如图 3-8 所示。位移加载速率为 0.14 mm/min,试验室温度控制在 20 ℃ 左右。

图 3-8　火山沉积岩试样图

由于试样用于地应力记忆效应研究,因此只采用两次连续的测量压缩试验以提供 DRA 法所需要的应力应变数据。其加载方式如图 3-9 所示,连续两次测量加载应力峰值 σ_m 为 35 MPa。

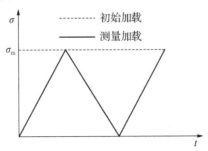

图 3-9　火山沉积岩试样加载方式

2) 砂岩试样

此试样用于人工记忆效应研究。试样取自澳大利亚北部某一矿场的 76 mm 直径的标准岩芯,试样为圆柱形,上下表面平行度为 0.01 mm(图 3-10)。试样从岩芯钻取后,在常温条件下放置 7 天。试样密度为 2 850 kg/m³,试样长度为 39.9 mm,直径为 18.3 mm,弹性模量为 44 GPa,该试样加载到 80 MPa 时,未出现破坏,因此单轴抗压强度大于 80 MPa。位移加载速率为 0.14 mm/min,试验室温度保持在 20 ℃左右。

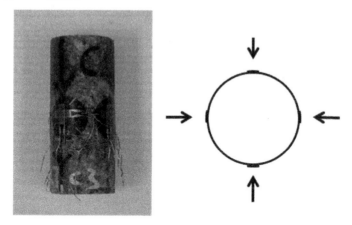

图 3 - 10 砂岩试样图

砂岩试样加载方式如图 3 - 11 所示。初始加载用来形成其记忆信息,加载应力峰值记为 σ_p,此试验中为 8.3 MPa。之后连续的两次加载为测量加载,用来为 DRA 法提供应力应变信息,其应力峰值记为 σ_m,此试验中为 75 MPa。

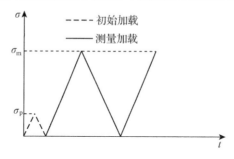

图 3 - 11 砂岩试样加载方式

3) 富士岩试样

此试样用于人工记忆效应研究。富士岩是一种铸模材料,成型前为粉状物质。将富士岩粉放到容器中并加入水,粉和水的混合比为 100 g/20 mL。混合时间约为 1 min,前 15 s 手动将富士岩粉与水快速搅拌,后 45 s 在振动台上进行振荡,放置 30~40 min 后成型,内部含有孔隙、颗粒及微裂纹结构。富士岩常被用作岩石材料的试验替代品,如图 3 - 12 所示。

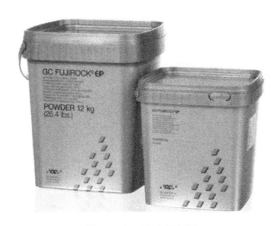

图 3 - 12　富士岩材料

富士岩试样为新鲜试样,试验之前未承受任何其他荷载。富士岩试样为圆柱形(图 3 - 13),直径为 18.25 mm,长度为 40 mm,单轴抗压强度(UCS)为 51 MPa,杨氏模量为 6.6 GPa,密度为 2 950 kg/m³,泊松比为 0.123。试样加载方式和图 3 - 11 类似,初始加载用来形成记忆信息,加载应力峰值 σ_p 为 5 MPa,保持时间为 1 min。测量加载应力峰值为 10 MPa。加载速率为 0.12 mm/min。试验室温度为 20 ℃左右。

图 3 - 13　富士岩试样

3.2.2　数据处理及结果分析

1) 火山沉积岩试样

火山沉积岩试样的轴向与侧向应力-应变曲线如图 3 - 14 所示,其无法显示在记忆点处有何异常。其轴向 DRA 曲线和侧向 DRA 曲线如图3-15 和图3-16 所示。DRA 折点采用目测法借助单条直线识别,由两图可知,轴向 DRA 曲线在约 15 MPa 处有一个明显的折点,且轴向 DRA 曲线在折点处发生下折现象。相同的是,侧向 DRA 曲线在约 15 MPa 处同样有一个明显的折点;不同的是,侧向 DRA 曲线在折点处发生上折现象。由测量资料可知,岩芯所处位置的覆盖层的压力约为 15 MPa。由此可得出以下结论:

(1) 对于火山沉积岩试样,在低于试样单轴抗压强度的 15% 的应力区域,DRA 法可以测得地应力的记忆信息;

(2) 侧向 DRA 曲线适用于 DRA 法,和轴向 DRA 曲线测量精度一致;

(3) 轴向 DRA 曲线在 DRA 折点处向下弯曲,与此相反,侧向 DRA 曲线在DRA 折点处向上弯曲。

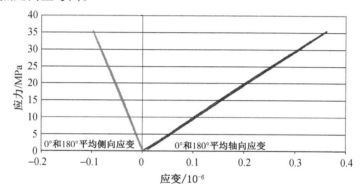

图 3-14　火山沉积岩试样的应力-应变曲线

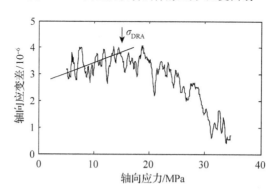

图 3-15　火山沉积岩试样的轴向 DRA 曲线

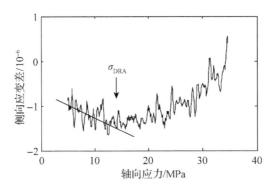

图 3 - 16　火山沉积岩试样的侧向 DRA 曲线

2) 砂岩试样

此试样用来测量人工记忆信息。砂岩试样应力-应变曲线如图 3 - 17 所示。从应力-应变曲线上几乎看不到任何记忆信息。平均轴向 DRA 曲线如图 3 - 18 所示,在 8.3 MPa 处有明显的折点。此试样侧向应变未有记录,因此只给出轴向 DRA 曲线。由结果可知:

(1) 对于砂岩材料试样,在低于岩石单轴抗压强度的 11% 的应力区域,仍然存在 DME,记忆信息可采用 DRA 法测量;

(2) 轴向 DRA 曲线在 DRA 折点处向下弯曲。

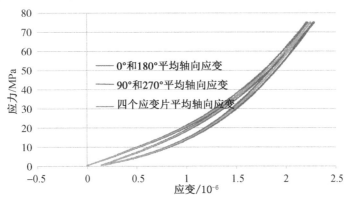

图 3 - 17　砂岩试样的应力-应变曲线

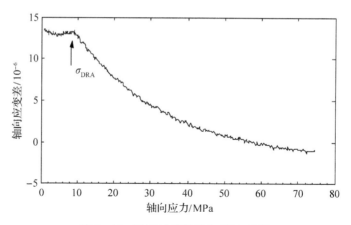

图 3-18　砂岩试样的轴向 DRA 曲线

3) 富士岩试样

富士岩试样为完全新鲜试样,无荷载历史,用来研究人工记忆效应。其应力-应变曲线如图 3-19 所示。其平均轴向 DRA 曲线如图 3-20 所示,平均侧向 DRA 曲线如图 3-21 所示。根据箭头标示,轴向 DRA 曲线和侧向 DRA 曲线同时在约 5 MPa 处有个折点。可得以下结论:

(1) 对于人工制备材料富士岩试样,在低于岩石单轴抗压强度的 10% 的应力区域,仍然存在 DME,DRA 法可以测得人工记忆信息;

(2) 轴向 DRA 曲线和侧向 DRA 曲线都适用于 DRA 法,两者精度一致;

(3) 轴向 DRA 曲线在折点处向下弯曲,侧向 DRA 曲线在折点处向上弯曲。

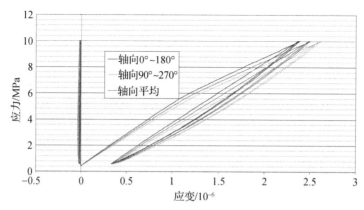

图 3-19　富士岩试样的应力-应变曲线

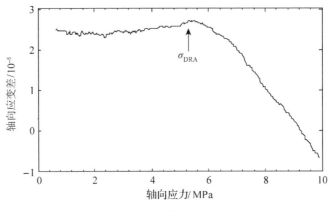

图 3 - 20　富士岩试样的轴向 DRA 曲线

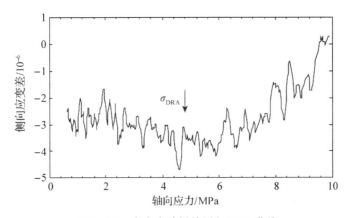

图 3 - 21　富士岩试样的侧向 DRA 曲线

3.3　本章小结

　　本章采用天然火山沉积岩、天然岩石材料砂岩和人工材料富士岩三种材料开展了物理试验,在物理试验及已有研究结论的基础上,本章为岩石 DME 的形成提出一种新的机理,并构建了一维理论模型和轴对称理论模型对 DME 进行数值试验,通过物理和数值试验的结果对比得到以下结论:

　　(1) 在低于材料单轴抗压强度 10% 和 15% 的应力区域,仍然存在岩石 DME,记忆信息可以通过 DRA 法测得,并且由此推测 DME 新的形成机理为已有微结构面上的黏弹性摩擦滑动。

（2）一维理论模型和轴对称理论模型都可以产生 DME,且理论模型中的 DRA 曲线在 DRA 折点后向下弯曲。此现象得到了物理试验的支持。

（3）物理试验和理论模型共同表明侧向 DRA 曲线同样可以应用于 DRA 法中；与轴向 DRA 曲线形状相反,侧向 DRA 曲线在记忆信息处折点后向上弯曲。侧向 DRA 曲线精度与轴向 DRA 曲线一致,即同时指向同一记忆信息。

（4）人工记忆效应与地应力记忆效应在轴向、侧向 DRA 曲线的形状及精度方面表现一致。同时,选用了三种不同的材料,结论表明人工材料和不同的天然材料并不影响 DME 上的表现。

（5）DRA 法测量记忆信息的精确度与岩石类型有关(理论模型对应不同的参数组合),接触面黏聚力的分布并不影响 DRA 曲线的形状及各种规律。

第 4 章

岩石 DME 时效特征与失忆性

本章开展单轴压缩下的岩石 DME 时效物理试验,得到一系列成果,如岩石 DME 的基本性质,轴向 DRA 曲线的形状、DRA 折点等,并得出了岩石 DME 的时效性相关结论。这些研究成果不仅为 DME 机理的提出和建立提供了基础,而且为理论模型后续结果的对比验证提供了依据。

4.1　岩石 DME 的时效特征研究进展

4.1.1　失忆性现象

如前文所述,放置时间 T_c 是指试验室初始加载后或岩芯开采出来后到第一次测量加载之间的时间。岩石 DME 现象有很多种特征,其中一个被普遍观察到的是其失忆性,即随着放置时间的增加,记忆信息渐渐消失的现象[15,23,50,75-76]。Yamshchikov 等[15]指出,失忆性的完成时间或其速度与岩石类型、加载的应力区域等有关。

失忆性现象的解答对采用 DRA 法进行地应力的测量具有十分重要的意义。对于试验室的人工记忆效应,失忆性现象被观测到的较多。这是否意味着,失忆性现象在地应力记忆中也是普遍存在的? 如果开采后的岩芯同样对地应力的记忆存在失忆性,那么岩芯必须在钻取后尽量早的时间内进行地应力测量。而如果地应力记忆效应属于长期记忆效应,那么前期探洞开挖积累的任何岩芯都可以作为 DRA 法测量地应力的材料,这将使得 DRA 法更加便捷。

Park 等[50]于 2001 年对 Hwangdeung 花岗岩试样进行了单轴压载试验,之后选择四种加载放置时间进行失忆性研究,分别为 1 h、1 d、1 周和 1 月。分析试验结果后得出结论:随着放置时间的增加,记忆信息的测量精度降低。当放置时间为 1 月时,DRA 法精度下降约 12%。张剑锋[71]对黑色片岩试样进行研究,采取 0 d、4 d、16 d、64 d 的放置时间,结果表明,随着放置时间的增加,记忆信息出现低估现象。

Utagawa 等[23]通过对 Inada 花岗岩、Shirahama 砂岩、Tage 凝灰岩试样在 1 h 到 400 d 放置时间下的 DME 的研究得出结论:当放置时间很短时,DRA 曲线在记忆信息处有明显折点;当放置时间增加时,DRA 曲线折点变得不清晰,但是仍然可以被识别。

Yamamoto[75]进行了放置时间分别为 10 min、1 h、25 h、150 h 的试验。其中初始加载应力峰值 $\sigma_p = 8$ MPa，初始加载保持时间 $\tau_0 = 1$ min。结果表明，DRA 曲线在不同的放置时间下有明显的差异。但是，Yamamoto 并没有对失忆性现象进行深入的讨论。

Seto 等[53-54]采用 Inada 花岗岩试样进行多次重复初始加载，初始加载峰值为 20.44 MPa(小于 11% UCS)。放置 7 年后，再次对试件的记忆信息进行测量。结果表明，DRA 折点出现退化现象。

失忆性现象不是在所有试验中都可以被观察到。Lin 等[27]在 2006 年采用台湾木山砂岩进行研究发现，15 d 的放置时间不会引起明显的 DRA 法测量记忆信息的误差。Wu 和 Jan[73]采用 500 次重复初始加载在长枝坑砂岩试样上形成岩石记忆信息，选择三种放置时间：0 d、7 d、14 d。结果表明，14 d 之内并没有发现记忆效应的失忆现象。

对于地应力记忆效应，Yamamoto[66]在 Yamamoto[75]、Seto 等[53-54]的研究结果上指出，地应力记忆效应可以持续 1~7 年以上，即此期间内没有失忆性。Yamamoto 等[66]也因此认为地应力记忆效应属于长期记忆效应。

综上所述，失忆性现象为岩石 DME 的一般现象，但同时并非所有情况下都会出现失忆性现象。DME 的应用和研究中存在以下三个问题：

(1) 为何会产生失忆性？

(2) 失忆性的具体表现特征又是如何？

(3) 为何已有研究中在失忆性的出现问题上并不统一？

这三个问题都指向了同样的问题，即 DME 的机理是什么，以及为什么这种机理在失忆性方面会产生不一致甚至是矛盾的物理现象。

4.1.2　初始加载保持时间

如前文所述，加载保持时间是指初始加载(人工加载或自然加载)对岩石的作用时间。在已有研究中，很多研究者[13,15,24,53,68,80]建议采取延长加载保持时间的方式以保证较为成功的岩石变形记忆信息。对初始加载保持时间问题的解答关系到如何采用人工记忆效应对地应力记忆效应进行模拟。

基于一些研究成果[76,80]，Yamshchikov 等[15]指出岩石 DME 表现的清晰度和作用在岩石试样上的保持时间成正比，同时如果加载保持时间减少，应力-应变曲线变化点(DME 对应点)将对应一个比实际值小的值。

　　岛田英树等[81]开展了 DRA 法的适用性研究,对凝灰岩保持加载 2 h,以形成应力记忆信息。Park 等[50]在开展失忆性及围压对 DME 影响研究时,采用 1 min 的加载保持时间形成应力记忆信息。Hunt 等[68]在开展岩石孔隙率对 DME 的影响分析时,对粗粒砂岩采用 1 h 加载保持时间以形成记忆。Seto 等[54]在开展围压对 DME 的影响时,对于 Inada 花岗岩试样采用 3 h 的加载保持时间以形成记忆信息。Villaescusa 等[51]开展 DME 在地应力测量应用研究时,采用了 3 h 和 3 d 的加载保持时间形成记忆信息。Makasi 等[82-83]在研究温度及应变率对 DME 的影响时,对 Kimachi 砂岩采用 1 h 加载保持时间。Karakus[84]开展 DME 与 Kaiser 效应的差异性探讨时,对 Hawkesbury 砂岩采用了 10 min 加载形成 15 kN 的记忆等。唐家辉等[85]针对加载保持时间采用花岗岩进行 Kaiser 效应及 DRA 法的研究。

　　由以上研究可知,初始加载保持时间对岩石 DME 有影响,初始加载保持时间越长,越利于更成功地形成岩石 DME。很多研究者建议或采用延长初始加载保持时间这种技术手段,但是同时,对于以下三个问题,并没有给出解释和深入研究:

　　(1) 为何初始加载保持时间会对岩石 DME 有影响?

　　(2) 初始加载保持时间对于 DME 的影响,都有哪些具体表现特征?

　　(3) 初始加载保持时间多久为合适?

4.1.3　地应力记忆效应与人工记忆效应

1) 地应力记忆效应

　　岩石长期处于地应力作用下,当岩石由地应力状态中开采或钻取之后,仍然具有之前所处应力环境的记忆。本书将岩样对于地应力状态的记忆称为地应力记忆效应。

2) 人工记忆效应

　　人工记忆效应是指对岩石试样在室内试验室进行人工加载以形成记忆信息。之后采用 DRA 法进行记忆信息的测量。

　　在进行岩石 DME 研究时,初始地应力的真实值不可知,采用传统的地应力测试方法得到的地应力值的精确度不容易判断。因此,在研究 DME 时,若直接研究初始地应力的记忆效应,而没有真实记忆信息做对比,则会对 DME 研究造成困扰。因此,在研究岩石记忆效应的特性时,研究者[13,16,50,71-72]一般选择对试验室内人工记忆效应进行研究,然后将研究结果应用到地应力记忆效应测量中。在形成人工记忆效应的方式上,可以对岩石试样进行一次或多次单轴循环初始加载以形成可知的记忆信息。此时,DRA 法所得的 σ_{DRA} 对应轴方向初始加载的最大应力值。为模拟地应力状态,常需要进行三轴初始加载以形成记忆信息[23,50,69,77],此时仍为人工记忆效应。

人工记忆效应和地应力记忆效应,在轴向 DRA 曲线的形状上,具有相同的特征,都表现为在 DRA 折点处向下弯曲;而在失忆性现象上有差异。多数含有地应力记忆信息的试件,对于地应力记忆的保持时间长达几年。Yamamoto[66,78]指出地应力记忆效应多属于长期记忆。而人工记忆效应,失忆现象较为常见,但是有些试件在一定时间内观察不到失忆性。另一个有争议的问题在于,有些研究者[46-47,66,79]称地应力记忆效应可以通过第三、第四次,甚至第五次测量加载的应力应变信息得到。而人工记忆效应采用更多次测量加载测量记忆信息的研究数据非常少,一般通过前两次测量加载测量记忆信息,根据少量文献[16]推测,第三、第四次等测量加载难以检测到记忆信息。

由于初始加载方式的不同,地应力记忆效应与人工记忆效应产生了些许不同。

(1)为何人工记忆效应有时存在失忆性,有时不存在失忆性?

(2)为何地应力记忆效应多为长期记忆效应,其和人工记忆效应是否相同?

以上问题并没有得到解答,这便引起另一个疑问,人工记忆效应的研究成果能否推广到地应力记忆效应研究。此问题对于地应力记忆效应的研究具有重要意义。

4.2　不同 T_c 下的岩石 DME 物理试验

与图 2-4 所示步骤相似,室内物理试验过程仍然包括取芯(地应力记忆效应)或材料制备(人工材料)、试样的加工、压缩试验、数据处理及结果分析等步骤。与地应力测量不同的是,人工记忆效应在压缩阶段,多出一个初始加载,用以形成记忆信息,并不包含地应力的计算。其余步骤、操作均相同。

4.2.1　试样参数及试验方案

试验试样尺寸为 50 mm×50 mm×100 mm。根据国际岩石力学学会建议，采用砂岩及两种花岗岩，经过钻芯、切割、磨平等方式制作为标准长方体试样，岩石试样两端最大不平行度应控制在 0.02 mm 以内，两端表面平滑。本书物理试验中应变采用应变片测量，在长方体试样的侧面按照 0°、180° 粘贴。图 4-1 为贴过应变片的花岗岩和砂岩试样。

图 4-1　砂岩与花岗岩试样

每类岩石 12 个试样，两类花岗岩试样编号分别为 A1～A12 及 B1～B12，砂岩试样编号为 C1～C12。单独测量每个试样的基本物理和力学参数，表 4-1 为该批试样参数的平均统计值。

表 4-1　砂岩与花岗岩参数范围

编号	岩石类型	平均密度/(kg·m^{-3})	平均强度/MPa	平均弹性模量/GPa
A1～A12	花岗岩 A	2672	92.4	63.7
B1～B12	花岗岩 B	2864	187.6	76.8
C1～C12	砂岩	2187	52.9	49.6

为得到不同加载保持时间对轴向 DRA 曲线特征的影响，本次试验预加载峰值大小为 30% σ_{UCS}，测量加载峰值大小为 40% σ_{UCS}。加载保持时间分别设置为 0 min、5 min、10 min、30 min。图 4-2 为加载方式示意图，其中 t 为加载保持时间。加载参数及环境参数如表 4-2 所示。

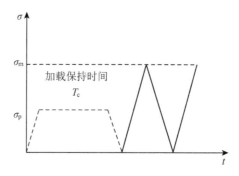

图 4 - 2　加载方式示意图

表 4 - 2　加载参数及环境参数

岩样类型	初始加载应力/MPa	加载保持时间/min	测量加载应力/MPa	加载速率/(MPa·s^{-1})	温度/℃	湿度/%
A1～A3	30	0	40	0.1	24	57
A4～A6		5				
A7～A9		10				
A10～A12		30				
B1～B3	60	0	80	0.2	21	62
B4～B6		5				
B7～B9		10				
B10～B12		30				
C1～C3	15	0	20	0.05	23	53
C4～C6		5				
C7～C9		10				
C10～C12		30				

4.2.2　DRA 曲线基本特征

图 4 - 3 是三轴岩样在不同加载保持时间下的轴向 DRA 曲线。从图中可以看出,DRA 曲线在记忆折点前平缓上升或下降,在记忆折点附近出现明显的下折,并且在所有记忆折点读取的荷载峰值均不大于预加载应力峰值。

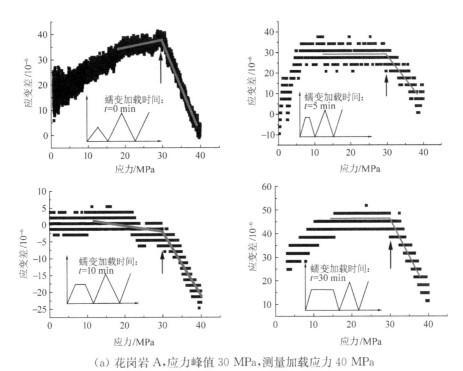

（a）花岗岩 A，应力峰值 30 MPa，测量加载应力 40 MPa

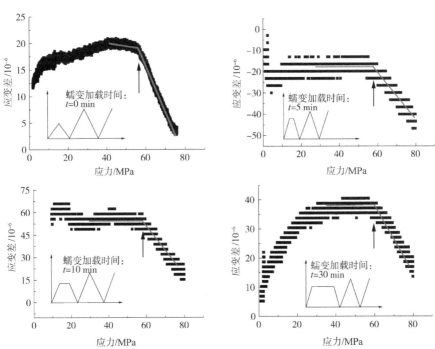

（b）花岗岩 B，应力峰值 60 MPa，测量加载应力 80 MPa

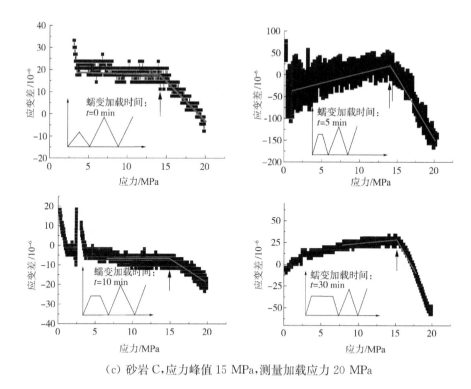

（c）砂岩 C,应力峰值 15 MPa,测量加载应力 20 MPa

图 4-3 不同加载保持时间下的典型 DRA 曲线

4.2.3 记忆信息形成精度 E

图 4-4 为记忆信息形成精度随加载保持时间的变化规律图。从整体上看,加载保持时间的增加会导致记忆信息形成精度的增加,记忆折点处的应力峰值越接近预加载应力峰值,DRA 曲线能更加准确地读取预加载应力峰值。但当加载保持时间达到一定数值时,DRA 曲线的折点位置不再随加载保持时间的增加而改变,具体表现为 DRA 曲线的记忆信息形成精度达到 100%。同时如图 4-3 所示,当加载保持时间达到 30 min 时,A、B、C 三种试样对应的 DRA 曲线的记忆折点都精确指向预加载应力峰值。另外,岩石 DME 记忆信息形成精度对加载保持时间的敏感性随岩石类型的不同而有所差别。相对于不进行加载保持的情况,花岗岩 A 在进行 30 min 的加载保持后形成的记忆信息精度平均提高了 9.3%,而花岗岩 B 提高了 8.4%,砂岩 C 提高了 12.6%。

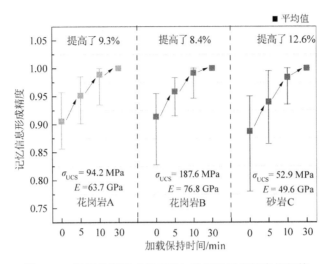

图 4 - 4　记忆信息形成精度随加载保持时间的变化规律

4.2.4　应变差幅值

　　图 4 - 5 为应变差幅值随加载保持时间增加的变化规律。可以看出,DRA 曲线应变差幅值随着加载保持时间的增加逐渐变小。与记忆信息形成精度和 DRA 折角相同的是,当加载保持时间达到一定数值时,应变差幅值不再发生明显变化,即加载保持时间的增加不再对 DRA 曲线应变差幅值造成影响。

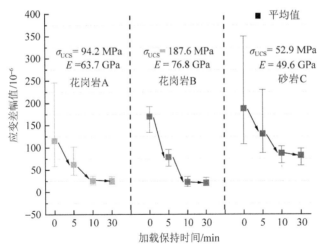

图 4 - 5　应变差幅值随加载保持时间增加的变化规律

三种试验材料被选取用来研究岩石 DME 的基本特征,包括火山沉积岩、砂岩、人工材料富士岩。第一种材料用于地应力记忆效应研究,后两种材料用于人工记忆效应研究。

4.3.1 试样参数及试验方案

探究岩石 DME 与 T_d 的关系以及失忆性,采用轴向 DRA 曲线对不同 T_d 的记忆信息进行判定。采用两类不同的花岗岩,制作为标准长方体试样,试样尺寸为 50 mm×50 mm×100 mm,尺寸误差控制在 ±0.1 mm 以内,如图 4-6 所示。根据国际岩石力学学会建议,岩石试样两端最大不平行度应控制在 0.02 mm 以内,两端表面平滑。本章物理试验中应变采用应变片测量,在长方体试样的侧面按照 0°、180° 粘贴。

图 4-6 失忆性试验试样

本次试验分为两个步骤,分别对不同 T_d 和失忆性进行研究。对于不同 T_d 下岩石 DME 的规律研究,采用 T_d 为 0 d、15 d、30 d、45 d 的方案,试验其余参数均保持不变,探讨不同 T_d 对 DME 的影响,试样编号及试验方案如表 4-3 所示。对于失忆性的探讨,本章采用 T_d 为 90～1 200 d 不等的方案,探究花岗岩的失忆性是否存在,试样编号及试验方案如表 4-4 所示,加载方案如图 4-7 所示。

表 4 - 3　不同 T_d 试验方案

编号	岩石类型	T_d/d	初始加载应力/MPa	测量加载应力/MPa
SYX-A-1-0	花岗岩 A	0	20	30
SYX-A-2-0				
SYX-A-3-0				
SYX-A-1-15		15		
SYX-A-2-15				
SYX-A-3-15				
SYX-A-1-30		30		
SYX-A-2-30				
SYX-A-3-30				
SYX-A-1-45		45		
SYX-A-2-45				
SYX-A-3-45				
SYX-B-1-0	花岗岩 B	0	20	30
SYX-B-2-0				
SYX-B-3-0				
SYX-B-1-15		15		
SYX-B-2-15				
SYX-B-3-15				
SYX-B-1-30		30		
SYX-B-2-30				
SYX-B-3-30				
SYX-B-1-45		45		
SYX-B-2-45				
SYX-B-3-45				

表 4-4 失忆性试验方案

编号	岩石类型	T_d/d	初始加载应力/MPa	预加载次数	测量加载应力/MPa
SYX-B-1115	花岗岩 B	1 115	30	2	50
SYX-A-1109	花岗岩 A	1 109	20	2	30
SYX-A-763	花岗岩 A	763	80	1	100
SYX-A-407	花岗岩 A	407	40	1	80
SYX-B-396	花岗岩 B	396	35	2	55
SYX-B-393	花岗岩 B	393	35	2	55
SYX-A-372	花岗岩 A	372	80	2	100
SYX-B-180	花岗岩 B	180	40	1	60
SYX-A-360	花岗岩 A	360	60	1	80
SYX-A-180	花岗岩 A	180	60	1	80

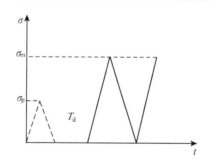

图 4-7 失忆性试验加载方案

4.3.2 不同 T_d 下岩石 DME 试验规律

图 4-8 为不同 T_d 下的典型 DRA 曲线,从图 4-9(a)中可以看出,花岗岩 A 试样的 DRA 曲线均在初始加载应力 20 MPa 处出现折点,但是随着 T_d 的增加,折点慢慢偏离初始加载 20 MPa,即花岗岩 A 的记忆信息形成精度逐渐下降,这表明随着 T_d 的增加,花岗岩 A 的记忆信息出现了退化。同样地,从图 4-9(b)中可以看出,花岗岩 C 试样的 DRA 曲线均在初始加载应力 20 MPa 处出现折点,但其初始记忆信息也和花岗岩 A 一样随着 T_d 的增大而出现退化的现象。

但花岗岩 A 的失忆性比花岗岩 C 的失忆性弱,体现在 T_d 为 45 d 时,花岗岩 A 的 DRA 曲线折点较花岗岩 C 要明显。

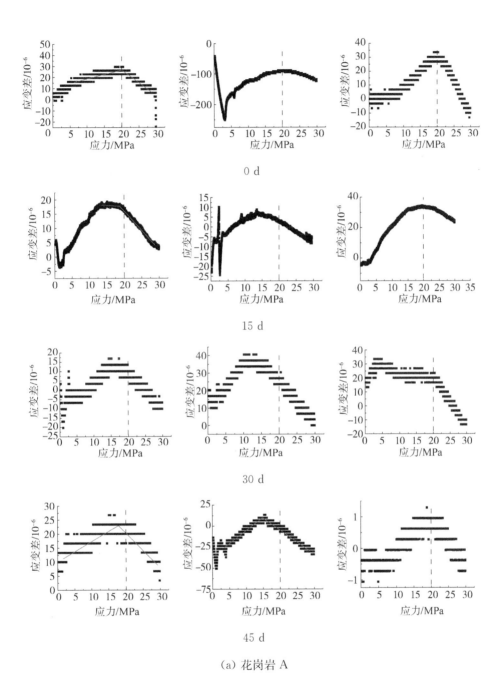

0 d

15 d

30 d

45 d

（a）花岗岩 A

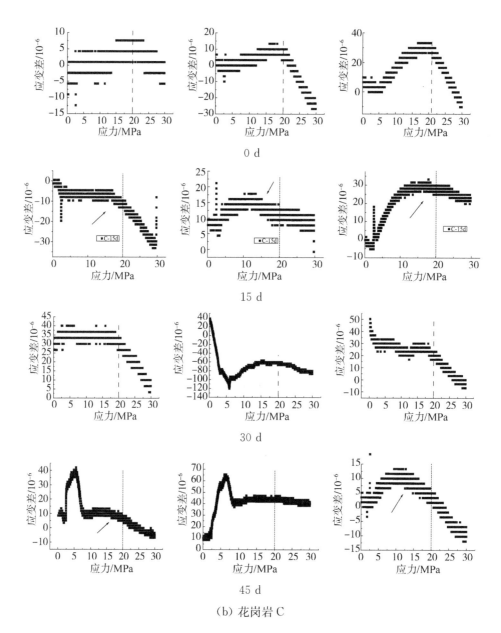

0 d

15 d

30 d

45 d

（b）花岗岩 C

图 4-8　不同 T_d 下的典型 DRA 曲线

4.3.3　失忆性试验规律

图 4-9 为 DRA 曲线。从整体上看，随着放置时间的增加，大部分岩样的初始加载信息变化趋势是退化甚至消失，但是同样存在部分岩样在放置 180～

1 000 d 后仍然存在 DME,甚至其初始加载记忆信息不发生变化,这也和之前研究者们的物理试验中出现不一样的结果保持一致。因此得出结论,岩石 DME 的失忆性存在,且随着放置时间的增加,记忆信息出现退化,但是岩石 DME 发生失忆性的放置时间受岩石种类、初始加载路径、环境等因素的影响。

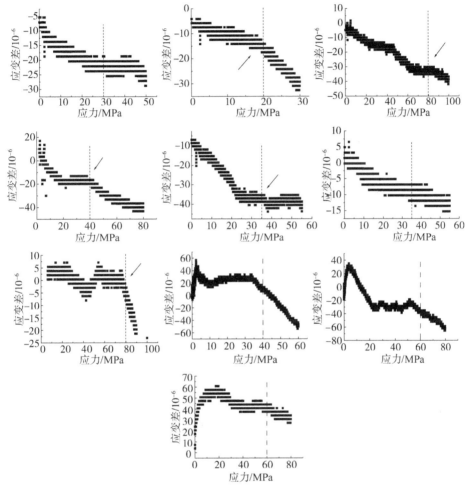

图 4-9　失忆性试验典型 DRA 曲线

4.4　地应力记忆效应与人工记忆效应

根据初始加载的方式不同(试验室加载、自然地质作用),DME 分为人工记忆效应和地应力记忆效应。人工记忆效应和地应力记忆效应,在轴向 DRA 曲线的形状上具有相同的特征,而在失忆性现象上有差异。Yamamoto[66]综述了大量已有研究,指出多数含有地应力记忆信息的试件,对于地应力信息的记忆保持时间长达几年,推断地应力记忆效应多属于长期记忆;而对于人工记忆效应,失忆现象较为常见,多为短期记忆。由此引出:

(1) 为何人工记忆效应有时存在失忆性,有时不存在失忆性?

(2) 为何地应力记忆效应多为长期记忆效应,其和人工记忆效应是否相同?

在进行岩石 DME 研究时,初始地应力完全精确的真实值不可知。因此,在研究岩石记忆效应的特性时,研究者一般选择采用已知记忆信息的试验室内人工记忆效应进行研究,然后将研究结果和结论应用到地应力记忆效应测量中。由于以上问题并没有得到解答,这便引起另一个疑问:人工记忆效应的研究成果能否推广到地应力记忆效应研究? 这个问题得不到解答会严重影响记忆效应的研究与应用。

由理论模型可知,失忆性现象受初始加载保持时间和初始加载重复次数的影响。当加载保持时间比较短时,会出现失忆性现象。由此解释了人工记忆效应为何多出现失忆性现象。当初始加载保持时间足够长时,会形成永久记忆。对于形成地应力的初始加载——自然地质作用过程来说,是一个十分漫长的过程,足以形成永久记忆。由此解释了地应力记忆效应属于长期记忆效应。同时,此种情况下,地应力记忆信息可用 DRA 法完全精确测量,这也为采用 DRA 法测量地应力提供了基础。由此,人工记忆效应及地应力记忆效应在本书机理及理论模型中得到了统一:其机理相同,其区别在于初始加载保持时间不同。

此结论为已有研究中将人工记忆效应得出的规律应用于地应力记忆效应做出了解释,同时后文依据此结论,给出了结合人工记忆效应对地应力记忆信息进行测量的新方法。

4.5　本章小结

本章采用两种花岗岩和砂岩共三种材料开展了不同加载保持时间和不同放置时间下的岩石 DME 物理试验,探究岩石 DME 时效性特征。通过试验得到以下结论:

（1）时效性是岩石 DME 的一种基本属性，不同加载保持时间和不同放置时间下岩石都存在 DME，且随其发生变化。

（2）保持加载下的时效特征表现为：随着加载保持时间的增大，岩石的记忆信息形成精度先逐渐增大，后趋于稳定（准确记忆先期加载）；应变差幅值先逐渐减小，后趋于稳定。

（3）保持加载下的记忆信息形成精度和应变差幅值变化趋势保持一致，即可通过应变差幅值的变化判别最佳加载保持时间。

（4）放置加载下的时效特征表现为：随着放置时间的增大，岩石的记忆信息形成精度逐渐减小，当记忆信息形成精度为 0 时，岩石发生失忆（此现象也称为岩石 DME 的失忆性），并表现为两个特征：① 放置时间越长，DRA 折点越远离记忆信息；② 放置时间越长，DRA 折点处越平缓，识别难度增大。

（5）岩石 DME 的失忆性与岩石的受荷历史、加载环境及岩石种类有关。

（6）失忆性的消失：如果加载保持时间足够长或加载次数足够多，蠕变变形充分完成，即达到"饱和应变"状态，DRA 法将能完全精确地测出初始加载应力峰值（或地应力值），且不存在失忆性。

（7）人工记忆效应与地应力记忆效应：当蠕变变形没有充分完成时（或没有达到"饱和应变"状态时），人工记忆效应属于短期记忆效应，存在失忆性。地应力记忆效应是在长期的荷载作用下形成的，一般属于长期记忆效应，不存在失忆性。

针对以上研究结果，对 DRA 法测量地应力有如下结论：

（1）轴向 DRA 曲线在地应力信息处向下折，为 DRA 折点的判断提供了基本原则，利于提高地应力测量的精度。

（2）地应力记忆效应属于长期记忆效应，不存在失忆性现象。由此可知，岩芯开采后长时间放置，并不影响采用 DRA 法对地应力进行测量。

（3）地应力记忆效应属于完全精确的记忆。这进一步为 DRA 法在地应力测量中的应用提供了理论依据。

（4）对于人工记忆效应和地应力记忆效应的形成机理在本书得到了统一，为研究者将人工记忆效应的研究成果应用于地应力记忆效应提供了依据。

（5）采用人工记忆效应对地应力记忆效应进行模拟时，需要满足以下条件：① 保证初始加载保持时间足够长或初始加载重复次数足够多；② 使试样在初始加载中达到"饱和应变"状态。

第 5 章

复杂应力路径下的岩石 DME 特征

本章开展复杂应力路径下岩石 DME 物理试验,得出了复杂应力路径下岩石 DME 的相关结论。其为 DME 机理的提出和建立提供了基础,同时为理论模型后续结果的对比验证提供了依据。

5.1　复杂路径下岩石 DME 的研究进展

5.1.1　循环加载路径

循环加载路径是指重复相同应力峰值的加载路径。同样,循环加载路径的研究对于如何采用人工记忆效应模拟地应力记忆效应具有重要意义。在一些研究者采用较长初始加载保持时间的同时,也有一些研究者推荐多次循环初始加载,使试件达到"饱和应变状态"。他们认为这样可以更成功地形成岩石变形记忆信息。此处,"饱和应变状态"是指在循环初始加载中,残余应变不再增加的加载状态。

日本后藤龙彦等[86]在研究 Taiheiyo 矿场岩石 DME 与超声特性关系时,采用应变率 1.5×10^{-5} s^{-1} 循环加载形成记忆信息,分别为 20 MPa 循环 10 次、35 MPa 及 50 MPa 循环 5 次。Seto 等[53]在开展澳大利亚麦克阿瑟河(McArthur River)和 Kundana 矿场的地应力测量及围压对记忆影响研究时,开展 10 次速率 0.1 MPa/s、峰值 10 MPa 的循环加载以了解该矿场岩石记忆特性,并且与 CSIRO 的 HI cell 法结果进行对比。韩国 Park 等[50]在研究室外暴露时间(分别为 1 h、1 d、7 d、30 d)对岩石 DME 影响时,对 Hwangdung 岩样采用 10 次循环加载以形成 20 MPa 记忆信息。岛田英树等[81]在采用 DRA 法进行 Ikeshima 煤矿地区地应力研究时,对凝灰岩试样进行了 5 次峰值 17.4 MPa 的循环加载。Utagawa 等[23]在开展放置时间(1 h～400 d)下 DME 失忆性研究和侧向扰动下失忆性影响时,采用了延长预加载时间的方式形成记忆信息。相马宣和等[87]针对 Tono 矿场地应力测量,采用 5 次循环加载 5 MPa 开展 DME 研究。Iman 等[15]在开展 DME 测量伊朗 Gotvand 大坝引水隧洞的地应力的适用性研究并与水力致裂法对比研究时,首先对该地区浅层脆性岩样和延性岩样在不同应力区(10%、14%、56% UCS)下的 DME 特征进行了分析,采用了 3～4 次循环加载形成记忆。我国台湾一些研究者[71-72]针对花莲区泥质片岩、曾文水库越域引水工程东引水隧洞长枝层砂岩开展记忆研究时,采用高达 500～1 000 次循环加载形成记忆信息。其他一些研究者如 Lin 等[27]同样采用循环加载形式。由以上研究可知,很多研究者采用了这种技术手段。有一点可以确定的是:循环加载次数对于形成记忆信息和 DRA 法的精度产生积极影响。但是遗憾的是,无一例外,没有研究者针对以下两个问题进行解答:

(1) 为何多次循环加载会更有利于 DME 的形成?

(2) 多次循环加载对 DRA 曲线影响的表现有哪些特征?

和研究循环加载保持时间相同,正确的机理并建立相应的理论模型,对于回答以上问题不可或缺。另外,需要通过理论模型对第二个问题进行合理预测,由预测结果对物理试验研究进行指导。

5.1.2 变应力峰值路径

通过 DRA 法识别的"记忆信息"是历史最大应力峰值还是近期最大应力峰值始终是一个困惑。图 5-1 是两种不同的应力峰值加载形式:① 前期加载应力峰值 $\sigma(1)$ 小于后期加载应力峰值 $\sigma(2)$;② 前期加载应力峰值 $\sigma(1)$ 大于后期加载应力峰值 $\sigma(2)$。

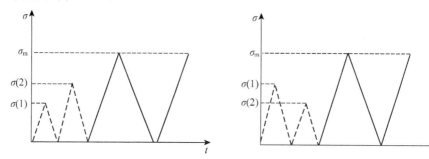

图 5-1 变应力峰值路径下的应力-时间曲线

此两种应力路径下,哪种应力峰值将会被读取? 是否存在大应力覆盖小应力的情况? 是否存在最近应力覆盖原有应力记忆的情况? 是否两种都会被记忆呢?

Holmes[74]在使用 DRA 法测量地应力时给出轴向 DRA 曲线中存在两个折点,其认为变形记忆效应存在多期性,即可以记住不同的应力峰值。Utagawa 等[23]采用 Kamechi 砂岩作为试验材料也存在两个折点,其认为对应初始加载的轴向应力和侧向应力。Dight[26]在试验时出现三种折点的情况,和 Holmes 相同,其认为 DRA 曲线上不同的折点对应不同历史时期的最大应力信息,即其认为变形记忆效应存在多期记忆特征。Yamamoto[30]在地应力测量中,试验显示试验室加载的大应力不会覆盖记忆信息,Yabe 等[46]测量试验也支持这一现象,即在第一种情况下,仍能测出 $\sigma(1)$。Wang 等[59]通过理论分析,得出对于内部断裂产生的试样,存在覆盖现象。但是在 Yamamoto[31]的另一些研究中,存在覆盖现象。这表明同一研究者的结论并不相同。Fujii 等[89]采用切线模量法测地应力时,对应力集中路径进行研究时发现应力集中路径中较多集中于应力记忆丢失,只能识别保持加载的应力值。

　　综上,研究者们对不同应力路径的岩石记忆进行了一些物理试验及理论研究。对历史应力峰值的记忆,是岩石记忆效应的研究中的一个基本问题。对此问题的解答对 DME 及 DRA 法的应用有重要意义。

5.2　循环加载路径下岩石 DME 物理试验

5.2.1　试样参数及试验方案

　　试验采用砂岩及两种花岗岩制作,经过钻芯、切割、磨平等方式制作为标准长方体试样,试样尺寸为 50 mm×50 mm×100 mm。根据国际岩石力学学会建议,岩石试样两端最大不平行度应控制在 0.02 mm 以内,两端表面平滑。图 5-2 为试样。本书物理试验中

图 5-2　循环加载路径下试验试样

采用应变片测量应变,在长方体试样的侧面按照 0°,180°粘贴。

　　每类岩石有 36 个试样,两类花岗岩试样编号分别为 A1～A36 及 B1～B36,砂岩试样编号为 C1～C36。单独测量每个试样的基本物理和力学参数,表 5-1 为该批试样参数的平均统计值。

表 5-1　循环加载路径下试样参数范围

编号	岩石类型	平均密度/(kg·m^{-3})	平均强度/MPa	平均弹性模量/GPa
A1～A36	花岗岩 A	2 654	105	65.6
B1～B36	花岗岩 B	2 736	193	73.2
C1～C36	砂岩	2 295	56	52.8

为得到不同初始循环加载次数对岩石 DME 的影响，本次试验采用如图 5-3 所示的循环加载方式，其中 σ_p 为初始循环加载应力大小，σ_m 为测量加载大小，m 为循环加载次数。具体加载参数与环境参数见表 5-2。

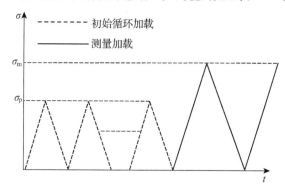

图 5-3　循环加载方式

表 5-2　循环加载路径参数与加载环境

岩样类型及编号	初始加载应力/MPa	循环加载次数	加载速率/(MPa·s⁻¹)	温度/℃	湿度/%
A1~A3		1			
A4~A6	10	5			
A7~A9		10			
A10~A12		1			
A13~A15	20	5			
A16~A18		10	0.1	25	60
A19~A21		1			
A22~A24	30	5			
A25~A27		10			
A28~A30		1			
A31~A33	40	5			
A34~A36		10			

续表

岩样类型及编号	初始加载应力/MPa	循环加载次数	加载速率/(MPa·s^{-1})	温度/℃	湿度/%
B1～B3		1			
B4～B6	20	5			
B7～B9		10			
B10～B12		1			
B13～B15	40	5			
B16～B18		10	0.1	27	58
B19～B21		1			
B22～B24	60	5			
B25～B27		10			
B28～B30		1			
B31～B33	80	5			
B34～B36		10			
C1～C3		1			
C4～C6	5	5			
C7～C9		10			
C10～C12		5			
C13～C15	10	5			
C16～C18		10	0.05	29	63
C19～C21		1			
C22～C24	15	5			
C25～C27		10			
C28～C30		1			
C31～C33	20	5			
C34～C36		10			

5.2.2 DRA 曲线基本特征

图 5-4 是单轴压缩试验下不同岩样在不同荷载水平下，分别通过初始加载1次、5次、10次时的典型 DRA 曲线。从图中可以看出，DRA 曲线均在初始循环加载附近出现明显的下折，并且所有 DRA 折点读取的荷载大小均不超过初始循环加载应力。

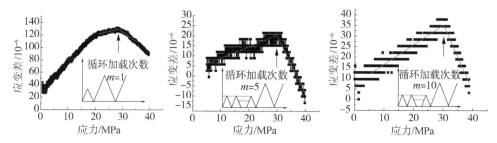

（a）花岗岩 A，应力峰值 30 MPa，测量加载应力 40 MPa

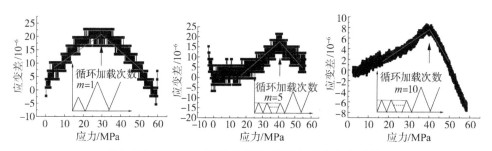

（b）花岗岩 B，应力峰值 40 MPa，测量加载应力 60 MPa

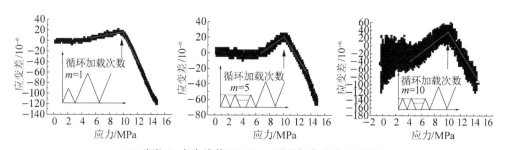

（c）砂岩 C，应力峰值 10 MPa，测量加载应力 15 MPa

图 5-4 不同岩石和荷载水平下典型 DRA 曲线

5.2.3 记忆信息形成精度

图 5-5 为记忆形成精度随循环加载次数增加的变化规律。从整体上看，

随着初始循环加载次数的增加,试样的记忆信息形成精度逐渐增大后保持不变,即在 DRA 曲线中表现为记忆折点处的应力值逐渐接近初始循环加载大小而后保持其大小不变。如图 5-4 所示,A、B、C 三种试样在 10 次循环加载下,DRA 折点都精确指向循环加载应力峰值。

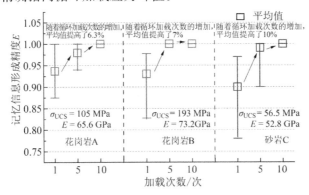

图 5-5　记忆信息形成精度随循环加载次数增加的变化规律

试样的记忆信息形成精度对循环加载次数的敏感度随岩石类型的不同而有所差别,对于花岗岩 A,10 次循环加载下形成的记忆信息精度相对于单次循环,平均提高了 6.3%,而花岗岩 B 提高了 7%,砂岩 C 提高了 10%。同时,随着循环加载次数的增加,不同试样的记忆信息形成精度的离散程度降低。

5.2.4　应变差幅值

图 5-6 为应变差幅值随循环加载次数增加的变化规律,随着循环加载次数的增加,各岩样 DRA 曲线中应变差幅值均逐渐变小并趋于一个稳定值。即应变差幅值达到一定稳定值时,循环加载次数的增加不再对 DRA 曲线中应变差幅值造成影响。对于花岗岩 A,随着加载次数由单次增

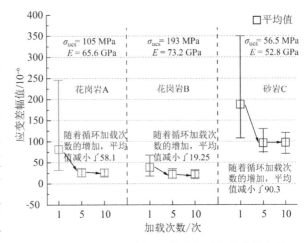

图 5-6　应变差幅值随循环加载次数增加的变化规律

加到10次,应变差幅值平均值下降58.1个微应变,相应地,花岗岩 B 下降19.25个微应变,砂岩 C 下降90.3个微应变。同时,随着循环加载次数的增加,各组试样的试验结果离散程度降低。

5.3　变应力峰值路径下岩石 DME 物理试验

5.3.1　试样参数及试验方案

选取砂岩、花岗岩为试验材料,制作成两种试样,分别为直径0.05 m、高径比2:1的圆柱体试样和长宽均0.05 m、高0.1 m的长方体试样。试样两端表面平行平滑,严格根据国际岩石力学学会建议加工成标准试样。图5-7为本书试验试样。本书物理试验中采用应变片测量应变,在圆柱体和长方体试样的侧面按照0°,180°粘贴。

图5-7　变应力峰值路径下试验试样

为得到变应力峰值路径的 DRA 曲线特征,总共进行30组试验,其中有4个试样应变片损坏,最终26组为有效试验。由于在实际工程中,我们通常遇到的问题均是在复杂路径下发生的,真实地应力也是经过复杂的应力路径形成的,因此结合试验室条件在不考虑 T_d 下,分别设计了历史应力峰值为2次和3次的试验方案,分别模拟简单和复杂应力路径。方案示意图如图5-8所示。应力路径等试验参数如表5-3所示。

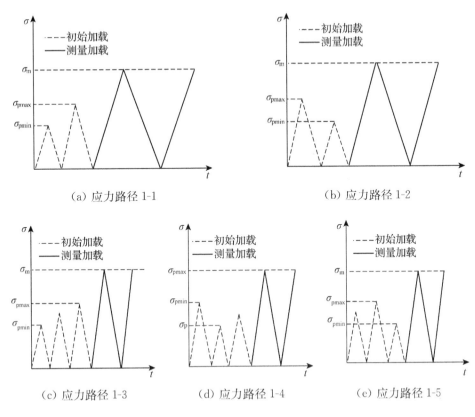

（a）应力路径 1-1 （b）应力路径 1-2

（c）应力路径 1-3 （d）应力路径 1-4 （e）应力路径 1-5

图 5 - 8 变应力峰值试验加载方式

表 5 - 3 变应力峰值试验加载方案编号、参数与试验环境

编号	应力路径	初始加载/MPa			测量加载	温度/	湿度/
		σ_1	σ_2	σ_3	σ_m/MPa	℃	%
H11-(1～3)	1-1	20	40	—	50	20	45
H12-(1～3)	1-2	40	20	—	50	20	45
S11-(1～3)	1-1	10	20	—	30	19	50
S12-(1～3)	1-2	20	10	—	30	19	50
H13-(1～3)	1-3	20	30	40	50	16	40
H14-(1～3)	1-4	40	20	30	50	16	40
H15-(1～3)	1-5	30	40	20	50	16	40
S13-(1～3)	1-3	10	15	20	30	15	40
S14-(1～3)	1-4	20	10	15	30	15	40
S15-(1～3)	1-5	15	20	10	30	15	40

5.3.2　简单应力路径下 DME 变化规律

表 5-4 为简单应力路径下试验的记忆信息读取结果。图 5-9 为简单应力路径下典型应力-应变曲线。图 5-10 为简单应力路径下典型 DRA 曲线,左侧为简单应力路径 1-1 下的典型 DRA 曲线,右侧为简单应力路径 1-2 下的典型 DRA 曲线。从表 5-4 和图 5-9 中可以得出以下规律:H11 和 H12 花岗岩试样 DRA 曲线读取的应力值分别为 39.5 MPa 和 37.2 MPa,识别的是历史最大应力峰值 40 MPa;S11 和 S12 砂岩试样读取的应力值分别为 19.7 MPa 和 18.6 MPa,识别的是历史最大应力峰值 20 MPa。因此可以看出在不同岩石类型和不同几何形状情况下,应力路径 1-1 和 1-2 的 DRA 曲线均在历史最大应力峰值处附近下折,即不同的应力路径并不影响 DRA 曲线下折的位置,折点总是位于历史最大应力峰值处。

表 5-4　简单应力路径下试验记忆信息读取结果

编号	应力路径	σ_{DRA}/MPa	识别/MPa
H11(1~3)	1-1	39.5	40
H12(1~2)	1-2	37.2	40
S11(1~2)	1-1	19.7	20
S12(1~3)	1-2	18.6	20

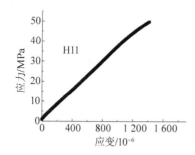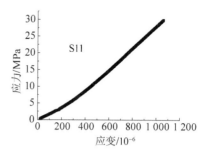

图 5-9　简单应力路径下典型应力-应变曲线

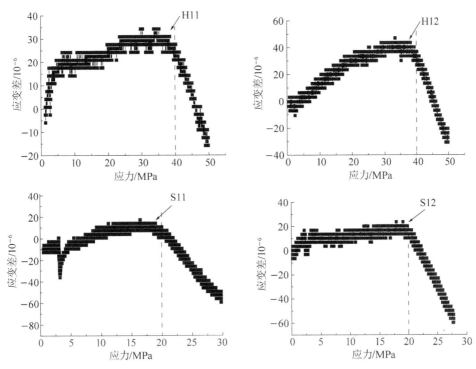

图 5-10　简单应力路径下典型 DRA 曲线

5.3.3　复杂应力路径下 DME 变化规律

表 5-5 为复杂应力路径下的记忆信息读取结果,图 5-11 为复杂应力路径 1-3、1-4、1-5 下的花岗岩和砂岩试样的典型 DRA 曲线,结合表 5-5 和图 5-11 分析可以发现:

表 5-5　复杂应力路径下试验记忆信息读取结果

编号	应力路径	σ_{DRA}/MPa	识别/MPa
H13(1~2)	1-3	39.7	40
H14(1~3)	1-4	38.2	40
H15(1~3)	1-5	39.1	40
S13(1~3)	1-3	19.1	20
S14(1~2)	1-4	18.5	20
S15(1~2)	1-5	18.7	20

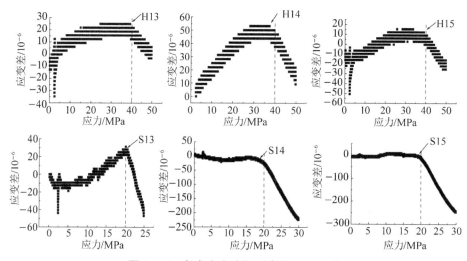

图 5 - 11　复杂应力路径下典型 DRA 曲线

对于花岗岩试样,三种应力路径分别读取的应力值为 39.7 MPa、38.2 MPa、39.1 MPa,三种应力路径下 DRA 曲线识别的应力值均为 40 MPa;砂岩试样表现出相同的规律,识别的应力值为 20 MPa。可以看出,无论应力路径如何变化,即无论最大应力峰值处于何种历史时间段,DRA 曲线总是在最大应力峰值附近处下折。此规律和简单应力路径保持一致,应力不影响 DRA 曲线折点,DRA 曲线折点总是位于历史最大应力峰值处。

5.4　试验中的多期现象

多期性是指岩石在经历不同应力历史后,对不同的应力峰值进行记忆的现象。变应力峰值路径恰恰能够满足多期性的产生要求。

由于试验方案中都是初始加载为两次不同的应力,因此在试验过程中我们发现了部分试样的 DRA 曲线存在多期记忆现象。如图 5 - 12 所示,部分试样的 DRA 曲线出现多期记忆现象,具体表现为 DRA 曲线出现两个折点,第一个折点在 10 MPa 附近,第二个折点在 20 MPa 附近,这两处均为历史加载应力。

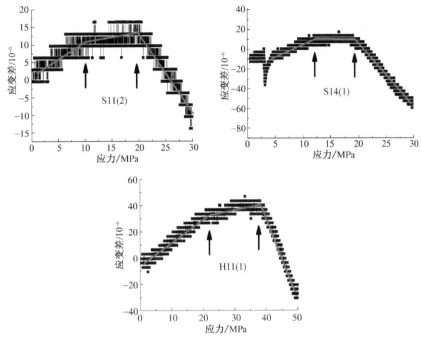

图 5-12　多期记忆典型 DRA 曲线

本章多期记忆现象的 DRA 曲线特征与已有研究相似,如图 5-13 所示。Holmes[74]在使用 DRA 法测量地应力时,发现轴向 DRA 曲线有两个折点,如图 5-13(a)箭头标示。Utagawa 等[23]采用 Kamechi 砂岩作为试验材料,认为 DRA 折点分别对应不同的应力记忆信息,如图 5-13(b)所示。Dight[26]在 DRA 试验中也发现 DRA 曲线出现三种折点的情况,如图 5-13(c)所示。

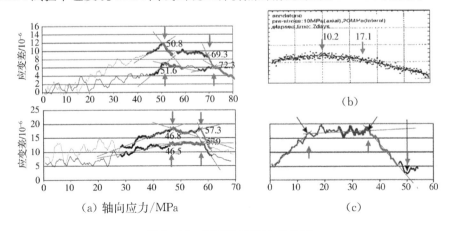

图 5-13　多期记忆 DRA 曲线图

但是,以往研究并没有分析多期记忆的形成条件。本章试验表明,不同应力路径下多期性出现的一个重要特征在于,应力路径为前期低应力的预加载出现多期记忆的频率明显高于应力路径为前期高应力的初始加载,即后期的高应力并不能覆盖前期的低应力,而前期的高应力则有很大概率能覆盖后期的低应力。由此推断,不同应力路径对岩石 DME 多期性的产生具有一定影响。但是需要指出的是,应力路径对多期记忆出现的影响存在概率性,并非所有前期应力较小的应力路径都会形成 DME 多期记忆。不同应力路径也并非产生多期记忆的唯一条件,多期记忆需要更系统和深入的研究。

5.5　本章小结

本章采用两种花岗岩材料开展了复杂路径下的岩石 DME 物理试验,得到以下结论:

(1) 随着循环加载次数的增加,DRA 法测量记忆信息的精度将增强,表现为:① 加载保持时间越长,DRA 折点越接近记忆信息;② 加载保持时间越长,DRA 折点越清晰。

(2) 当初始加载重复次数足够多直到"饱和应变"状态时,DRA 法测量记忆信息完全精确,且失忆性消失。此时循环加载路径下岩石 DME 的记忆信息形成精度和应变差幅值变化趋势保持一致,即可通过应变差幅值的变化判别最佳循环加载次数。

(3) 变应力峰值下的简单和复杂应力路径下物理和数值试验结果共同表明:当加载环境和受荷历史一致时,且不考虑失忆性的情况下,岩石总是记忆历史最大应力峰值,即 DRA 曲线记忆的为历史最大应力峰值,而不是最近应力峰值;所有记忆点前曲线平缓上升或下降,且记忆点处荷载大小均不超过历史最大应力峰值。

(4) 变应力峰值路径下岩石 DME 存在多期性,但多期性的出现存在一定概率性,其与岩石种类、受荷历史有关。

第 6 章

含水率变化对岩石 DME 的影响

本章开展含水率变化下的岩石 DME 物理试验,得到了不同含水率下岩石 DME 的规律。这为 DME 机理的提出和建立提供了基础,同时为理论模型后续结果的对比验证提供了依据。

6.1　试样参数

选取花岗岩及大理岩两种岩样为试验材料,大理岩制作成直径 0.05 m、高径比 2∶1 的圆柱体试样,花岗岩制作成 50 mm×50 mm×100 mm 的长方体试样。试样两端表面平行平滑,严格根据国际岩石力学学会建议加工成标准试样。图 6-1 为本节试验试样。本节物理试验中采用应变片测量应变,在圆柱体试样及长方体试样的侧面按照 0°、180° 粘贴。

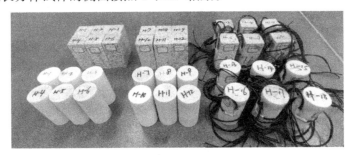

图 6-1　含水率变化的 DME 试验试样

6.2　试验步骤及方案

含水率变化下试验步骤如下:

(1) 根据表 6-1 对所有试样(36 个)进行室内单轴压缩初始加载 30% UCS,其加载速率为 0.1 MPa/s。

(2) 将两种岩样各分为 3 组:H 组(饱水组)、Z 组(自然组)、G 组(干燥组)。将 G 组 6 个试样全部放入烘箱中,105 ℃下恒温 24 h 烘干;H 组 6 个试样做含水率规律试验(见步骤(3));Z 组试样不做处理,保持自然状态。并记录相关数据,见表 6-3。

（3）将饱水组试样放入烘箱中，105 ℃下恒温 24 h，冷却后测量岩样的质量并记录，然后将测量后的干燥试样用保鲜袋包装，室温下密封保存。把试样放置在温度为 20 ℃左右的自来水中，每隔一定的时间 t 取出试件，用湿毛巾擦去岩样表面水分，并测量其对应时刻的相关数据，见表 6-2。

（4）将做完吸水规律试验的饱水组在真空干燥箱内进行真空饱水。

（5）将处理好的各组试件用 502 胶黏剂牢固粘贴上电阻应变片，并用万用表测试线路连通性。

（6）对所有试样进行两次测量加载 40% UCS，加载速率 0.1 MPa/s，并记录应变数据。

（7）处理应变数据，得到不同含水率下的 DRA 曲线。

表 6-1　含水率变化下 DME 试验方案

编号	含水状态	初始加载/MPa	测量加载/MPa	加载速率/(MPa·s^{-1})
H-H-1—6	饱水			
H-G-1—6	干燥	32.0	42.6	0.1
H-Z-1—6	自然			
D-H-1—6	饱水			
D-G-1—6	干燥	12.7	16.9	0.1
D-Z-1—6	自然			

表 6-2　含水率随浸水时间的变化

编号(干重/g)	浸水时间											
	0.5 h		2 h		8 h		12 h		24 h		48 h	
	m/g	w/%	m/g	w/%	m/g	w/%	m/g	w/%	m/g	w/%	m/g	w/%
H-H-1 (639.82)	641.71	0.30	642.05	0.30	642.10	0.36	642.26	0.38	642.35	0.40	642.31	0.39
H-H-2 (619.47)	621.13	0.27	621.48	0.27	621.57	0.34	621.69	0.36	621.63	0.35	621.72	0.36
H-H-3 (607.81)	609.58	0.29	609.89	0.29	610.00	0.36	610.11	0.38	610.04	0.37	610.14	0.38
H-H-4 (606.76)	608.61	0.30	608.61	0.30	608.04	0.21	608.02	0.21	607.90	0.19	608.07	0.22

续表

编号(干重)/g	浸水时间											
	0.5 h		2 h		8 h		12 h		24 h		48 h	
	m/g	w/%	m/g	w/%	m/g	w/%	m/g	w/%	m/g	w/%	m/g	w/%
H-H-5 (618.76)	620.58	0.29	620.88	0.29	620.96	0.36	621.06	0.37	621.02	0.37	621.20	0.39
H-H-6 (601.03)	602.75	0.29	603.07	0.29	603.20	0.36	603.28	0.37	603.34	0.38	603.36	0.39
平均	617.39	0.29	617.66	0.29	617.65	0.33	617.74	0.35	617.71	0.34	617.80	0.36
D-H-1 (639.82)	578.22	0.09	578.24	0.09	578.26	0.10	578.34	0.11	578.21	0.09	578.27	0.10
D-H-2 (619.47)	578.18	0.10	578.19	0.10	578.22	0.11	578.36	0.13	578.18	0.10	578.30	0.12
D-H-3 (607.81)	575.26	0.10	575.33	0.10	575.33	0.11	575.43	0.13	575.33	0.11	575.39	0.12
D-H-4 (606.76)	569.72	0.13	569.75	0.13	569.79	0.14	569.87	0.15	569.72	0.13	569.82	0.14
D-H-5 (618.76)	566.51	0.10	566.51	0.10	566.55	0.10	566.61	0.11	566.53	0.10	566.52	0.10
D-H-6 (601.03)	555.42	0.10	555.41	0.10	555.44	0.10	555.51	0.12	555.41	0.10	555.47	0.11
平均	570.55	0.10	570.57	0.10	570.60	0.11	570.69	0.13	570.56	0.10	570.63	0.11

6.3　含水率变化规律

　　花岗岩和大理岩的含水率随时间变化的规律曲线如图 6-2 所示,(a)为大理岩试样,(b)为花岗岩试样。

　　由图 6-2(a)及表 6-2 可知,大理岩在 48 h 内吸水规律先增大后减小再增大,但其含水率最大变化幅度甚微,仅有 0.02%,试验采用的电子称重器并不能保证其精度,因此可以推测大理岩的吸水规律不符合实际。

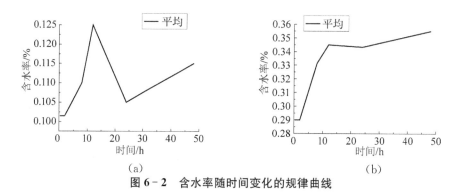

图 6 - 2　含水率随时间变化的规律曲线

　　由图 6 - 2(b)及表 6 - 2 可知,花岗岩在 48 h 内吸水规律表现为在前 12 h 内含水率增大的幅度较大,后 36 h 含水率的增大幅度较为缓慢,最后趋于一个稳定状态。48 h 内含水率最大变化幅度为 0.06%。

6.4　含水率变化下 DME 变化规律

　　对大理岩两次测量加载的应力应变进行处理,得到如图 6 - 3 所示的大理岩 DRA 曲线,(a)为干燥组,(b)为自然组,(c)为饱水组。大理岩试样含水率如表 6 - 3 所示。

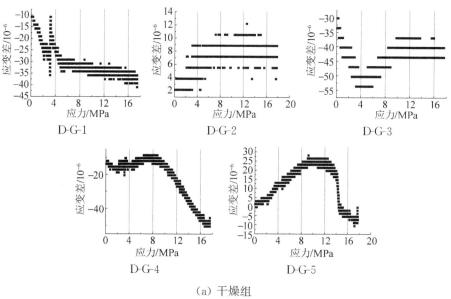

(a) 干燥组

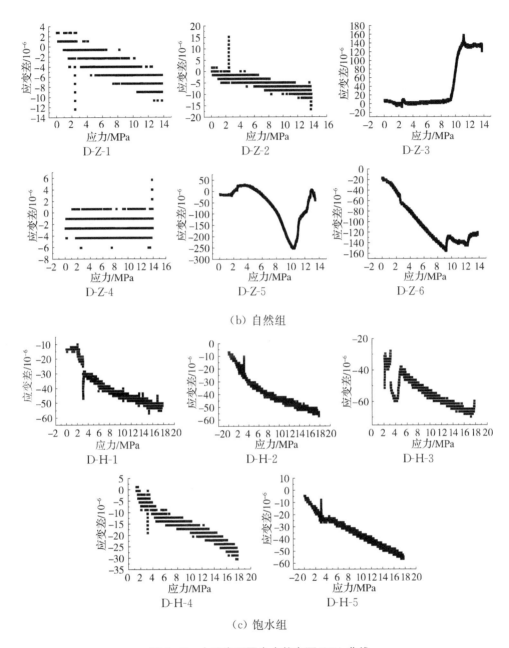

(b) 自然组

(c) 饱水组

图 6-3　大理岩不同含水状态下 DRA 曲线

表 6 - 3 两种试样各种状态下的含水率

编号	干重 m/g	湿重 m/g	含水率 w/%
H-G-1	635.09	634.35	0.12
H-G-2	621.55	620.75	0.13
H-G-3	648.99	648.26	0.11
H-G-4	650.97	650.16	0.12
H-G-5	642.21	641.52	0.11
H-G-6	619.33	618.65	0.11
H-H-1	639.82	642.31	0.39
H-H-2	619.47	621.72	0.36
H-H-3	607.81	610.14	0.38
H-H-4	606.76	608.07	0.22
H-H-5	618.76	621.20	0.39
H-H-6	601.03	603.36	0.39
H-Z-1	628.93	—	—
H-Z-2	629.56	—	—
H-Z-3	643.94	—	—
H-Z-4	643.18	—	—
H-Z-5	618.87	—	—
H-Z-6	627.00	—	—
D-G-1	594.87	594.79	0.01
D-G-2	579.57	579.49	0.01
D-G-3	568.18	568.00	0.03
D-G-4	575.66	575.56	0.02
D-G-5	581.98	581.92	0.01
D-G-6	581.62	581.56	0.01
D-H-1	577.68	577.85	0.03
D-H-2	577.61	577.80	0.03
D-H-3	574.71	574.92	0.04
D-H-4	569	569.19	0.03

编号	干重 m/g	湿重 m/g	含水率 $w/\%$
D-H-5	565.97	566.16	0.03
D-H-6	554.87	555.11	0.04
D-Z-1	595.49	—	—
D-Z-2	561.87	—	—
D-Z-3	585.51	—	—
D-Z-4	579.96	—	—
D-Z-5	583.32	—	—
D-Z-6	581.64	—	—

干燥组 1 和饱水组中均有一个试样应变片出现损坏,导致该试样没有 DRA 曲线。由于大理岩的初始加载为 12.7 MPa,由图 6-3 可知,大理岩干燥组仅有两个试样在 12.7 MPa 附近下折,且折点不明显;自然组和饱水组均未在 12.7 MPa 及其附近出现下折的折点。因此推测,含水率的变化对大理岩的内部孔隙结构影响不大,且大理岩的 DME 现象不明显。

花岗岩的含水率如表 6-3 所示,对花岗岩两次测量加载的应力应变进行处理,得到如图 6-4 所示的花岗岩 DRA 曲线,(a)为干燥组,(b)为自然组,(c)为饱水组。

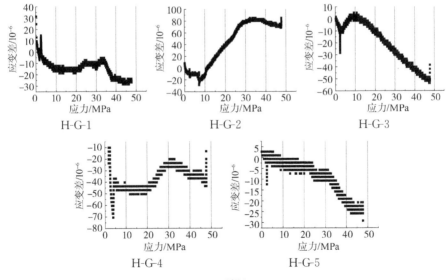

（a）干燥组

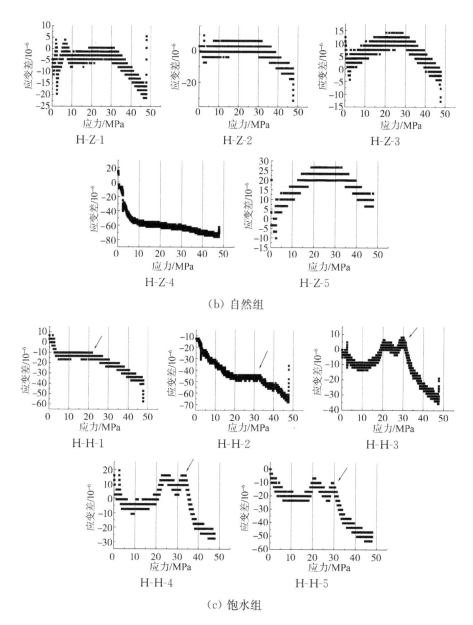

(b) 自然组

(c) 饱水组

图 6-4　花岗岩不同含水状态下 DRA 曲线

如图 6-4 所示,干燥组有三个试样的 DRA 曲线在初始加载 32 MPa 附近(小于 32 MPa)出现下折,有一个试样在 10 MPa 处下折,一个试样在 38 MPa 处下折,但折点并不明显,一个试样应变片受损。自然组四个试样的 DRA 曲线均在初始加载 32 MPa 附近(小于 32 MPa)出现下折,另外一个试样在初始加载时出现断裂,无法进行后续试验。饱水组有四个试样的 DRA 曲线在初始加载 32 MPa 附近(小于 32 MPa)出现下折,有一个试样在 22 MPa 左右下折,一个试样在初始加载时出现断裂,无法进行后续试验。因此可以看出,花岗岩试样三种含水状态下的 DRA 曲线均在初始加载 32 MPa 处下折,即含水率的变化对花岗岩 DME 影响甚微,无论含水率如何变化,其依然能够记忆初始加载峰值。

6.5　本章小结

本章首先对大理岩和花岗岩进行常规的岩石吸水率试验,制备不同含水率的岩石试样,其后对不同含水率下的岩石试样开展 DME 试验研究,结果表明:

(1)大理岩试样的吸水率几乎不发生变化,同时干燥状态下的失水率也很低;而花岗岩试样的吸水率随时间增加而增加,并在 48 h 后趋于稳定,干燥状态下的失水率绝对值要比饱和含水率更小。

(2)自然和饱水状态下的大理岩试样 DRA 曲线几乎没有折点,干燥状态下的大理岩试样 DRA 曲线部分存在折点,且折点位于预加载处。由于大理岩试样的含水率变化量级较小,因此不能推断其与 DME 的相关性。

(3)花岗岩试样无论含水率如何变化,其 DRA 曲线绝大部分在初始加载处存在下折的折点,这表明花岗岩试样的 DME 均存在,且含水率的变化并不影响其记忆信息的变化。

第 7 章

岩石 DME 形成机理
与一维力学模型

7.1 岩石 DME 形成机理的研究进展

7.1.1 DME 形成机理

至今,对于 DME 机理仅存在一些推测,并未有深入系统的研究及相应的理论模型及数值分析。Yamamoto 等[16]在介绍 DRA 法的概念时,推断岩石 DME 的力学机理和 Kaiser 效应[61,90-91]一样,为岩石内部新微裂纹的产生和原有微裂纹扩展,并对 DME 的机理进行了简要介绍。他们认为岩石试样中的已有微裂纹在轴向应力的作用下,会或多或少产生非线性应变。非线性应变又包括两部分:可逆应变部分和非可逆应变部分。例如:已有剪切裂纹在剪应力超过某个阈值时产生的摩擦滑动;张裂纹的打开与闭合;张裂纹密度的变化造成有效弹性模量的改变,同时造成试样在应力作用下的非线性的弹性响应。Yamamoto[16]等认为这些非线性的应变行为在已有裂纹不改变其尺寸的情况下,在循环加载中都是可逆的。在公式(2-1)中,循环加载中这部分可逆应变将互相抵消。在连续循环加载中,当应力超过初始加载最大应力时,新裂纹产生,已有裂纹扩展,所造成的应变为不可逆应变。通过公式(2-1),不可逆应变的差值相对于应力的曲线将出现折点,进而表现为 DME。同时指出,应变差函数的作用在于能够突出非线性应变的不可逆部分应变的变化。

之后一些研究者如 Seto 等[24]、Villaescusa 等[51]沿用了以上对 DME 的机理的简要介绍。

在 Stevens 和 Holcomb[92]提出的剪切裂纹模型的基础上,Kuwahara 等[93]将此种裂纹理论模型进行改进并结合张裂纹模型用以解释脆性岩石在循环加载作用下的非弹性变形,进而解释岩石试样的 Kaiser 效应。Kuwahara 等[93]认为,当加载应力超过剪切裂纹的剪切强度时,会有新裂纹产生,当卸载完成、应力解除时,产生的非弹性应变在剪切裂纹的黏聚力作用下,将被保留。由此可解释脆性岩石在循环加载下非弹性应变的产生和 Kaiser 效应。一些研究者引用了此模型对 DME 的形成进行了解释。Tamaki 等[48-49]基于 Stevens 和 Holcomb[92]、Kuwahara 等[93]的剪切裂纹模型,指出岩石试样在初次加载过程中产生大量的微裂纹。第二次加载时,当应力低于初次加载应力最大值时,并非像初次加载一样产生大量微裂纹,其非弹性应变与应力将呈现线性关系。当第二次加载应力超过该方向第一次加载应力最大值时,微裂纹将大量产生,由此应力-应变曲线的斜率将发生变化,进而造成 DME。同时指出,这种原因造成应力-应变曲线斜率上的变化,与其他原因如张裂纹的张开和闭合引起的非线性应变相比数量级较小,不容易直接从应力-应变曲线上识别出来。Yamamoto[66]指出当第二次加载应力超过该方向前次加载应力最大值时,应变差对应力的微分值变为负值,造成 DRA 曲线(应变差相对于应力的曲线)出现下折点,即表现为岩石 DME,他认为原因有两个:① 当加载应力值超过前期加载应力峰值时,将产生微裂纹;② 新微裂纹的产生会造成非弹性应变的增加。一些研究者[32,45-47,75]沿用了与 Yamamoto 等[16]、Tamaki 等[48]类似的解释。

Yamshchikov 等[15]指出很多岩石记忆效应的特征并不能通过 Kuwahara 等[93]的模型来解释,如失忆性现象。

Hunt 等[13,68]采用砂岩进行了物理试验,并选择二维颗粒流软件[94-96](PFC2D)对物理试验进行了模拟。PFC2D 采用离散单元的建模方法,定义离散颗粒之间的不同的接触方式和力学行为来实现对岩石试样的力学行为的模拟。Hunt 等选择接触黏结模型[13],颗粒体设置为刚性,定义接触黏结处法向和切向的应力刚度、抗拉应力强度和切向应力强度。当抗拉应力强度或剪切应力强度被超过时,颗粒间的接触黏结将被破坏。每一次颗粒间接触黏结的破坏都被视作是模型内部的"微裂纹的产生"。大量的微裂纹的产生和扩展最终导致模型试样的破坏。Ren 等[102]在以上工作的基础上,对初始裂纹阈值以上应力区域采用正交加载对 Kaiser 效应的影响进行了研究。通过模拟结果,Hunt 等[13]确认 Kaiser 效应与微裂纹的产生和扩展有关。与 Yamamoto 等[16]、Tamaki 等[48]不同的是,他们认为当初始加载应力小于微裂纹初始应力值时,岩石 DME 并不存在,即第一次加载的应力值需要在非弹性应力区域或称初始裂纹阈值以上应力区间,才能形成岩石 DME。

可知,涉及岩石 DME 的理论模型研究数量非常少,仅有两种。一种是基于 Kuwahara 等[93]的剪切裂纹模型,此模型先于 DRA 法提出,后来 Yamamoto 等[16]在介绍 DRA 法时,引用此模型对 DRA 法 DME 进行了简单的解释。但是需要注意的是,并没有研究者采用此种理论模型对 DRA 法进行定量或定性的分析。另一种是基于二维颗粒流软件(PFC2D)中的接触黏结模型,如 Hunt 等[13]、Ren 等[102]依据此数值软件得出,在裂纹初始应力值以下的应力区,不存在 DME,此结论与物理试验完全不符。

由上叙述,涉及其机理的文献一般遵循以下模式来解释岩石 DME 的形成机理:前次加载造成岩石内部新微裂纹的产生和已有裂纹的扩展,当后一次加载应力值小于初次加载应力峰值时,没有或只有极少微裂纹的产生与扩展;当加载应力值超过初次加载应力峰值时,微裂纹的产生及扩展将造成非弹性应变率的增加并表现为应力-应变曲线的变化,进而产生岩石 DME。

7.1.2 机理研究的挑战

对物理现象形成机理的认识,是更好地利用此现象的基础。综合已有的文献,前期对 DME 机理的研究存在以下问题:

(1) 实质性涉及形成岩石 DME 机理的内容非常少。从整体上来看,大部分文献将重点放在 DME 的表现和 DRA 法的应用上。而涉及机理的文献,一部分是在介绍 DRA 法时,采用叙述性的文字给出对机理推测的简要说明,如 Yamamoto 等[16]、Tamaki 等[48](他们多为相同文献的合作作者),而 Seto 等[24]、Villaescusa 等[51]只是沿用上面对机理的介绍,并未实质性地对 DME 的机理进行研究。另一部分研究者采用商业软件对物理试验的数据进行拟合,但是一方面商业软件自身带有诸多的假设和误差;另一方面商业软件自带的模型并非针对 DME 形成机理特别给出的模型,仅通过参数的调整达到与部分物理数据的吻合,是否能够证明此模型表述的就是 DME 的形成机理值得商榷。

(2) 推测认为微裂纹的产生和已有裂纹的扩展并不能解释岩石 DME 的诸多现象,如失忆性现象及特征;岩石 DME 存在于裂纹初始应力值以下区域的现象;初始加载保持时间的影响,初始加载重复次数的影响,人工记忆效应与地应力记忆效应为何在现象上会有些差别等。

7.2 基于摩擦滑动的岩石 DME 机理提出

岩石是一种含有大量随机分布的微裂纹接触面及大量颗粒接触面的材料(统称为"接触面")[111-113]。考虑单位体积的此类材料在均匀应力下的平均应变状态[114-115]:

$$
\begin{cases}
\sigma_{ik} = \sigma_{ik}^0 \\
\varepsilon_{ik} = \varepsilon_{ik}^0 + \dfrac{1}{2} \displaystyle\sum_{\alpha} (n_i V_i^{\alpha} + n_k V_k^{\alpha})
\end{cases}
\tag{7-1}
$$

式中， σ_{ik}——单位体积所受应力张量；

ε_{ik}^0、σ_{ik}^0——弹性基质的应变与应力张量，不受微裂纹及颗粒接触面的影响；

n_i——微裂纹及颗粒接触面外法线单位矢量；

V_i——接触面的体积；

α——接触滑动面的序号。

由公式(7-1)可知，含有接触滑动面的弹性材料应变包含两部分：一部分为弹性基质产生；另一部分为接触滑动面产生。影响第二部分力学行为的因素非常多，如接触面的方向、尺寸、接触面间的介质特性等。接触面对于岩石的力学行为，无论是弹性变形[113]还是非弹性变形如屈服、断裂等[116]都有重大影响。

岩石在单轴压缩下的变形及破坏过程在近几十年得到大量研究[117-124]。一般认为，单轴压缩下岩石应力-应变曲线可分为 5 个阶段[103,125-128]，见图 7-1。

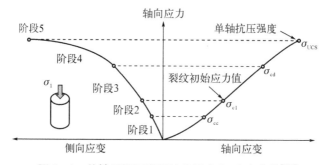

图 7-1 单轴压缩下岩石的典型应力-应变曲线[127]

阶段 1：裂纹闭合阶段；

阶段 2：线弹性变形阶段；

阶段 3：裂纹产生及稳定扩展阶段；

阶段 4：裂纹非稳定扩展阶段；

阶段 5：破坏或峰后软化阶段。

阶段 2 和阶段 3 的分界点称为裂纹初始应力值。研究表明，裂纹初始应力值一般为试样单轴抗压强度(Uniaxial or Unconfined Compressive Strength, UCS)的 30%~60%[103,125,127-132]。单轴抗压强度是指在单轴压缩条件下，岩石试样所能承受的最大压应力值。Martin 等[123,127]进行物理试验证实单轴压缩中裂纹初始应力值为 UCS 的 40%；Cai 等[129]总结了 Brace 等[125]、Bieniawski[126]的研究成果，指出根据岩石材料的不同，一般裂纹初始应力值为 UCS 的 30%～60%；Alkan 等[132]于 2007 年的研究证明，对于结晶岩，裂纹初始应力值大约为 UCS 的 40%；对于德国 Asse 盐矿试样，大约为 UCS 的 40%～60%；Eberhardt[120]通过研究发现，裂纹初始应力值约为岩体试样 UCS 的 40%。一些岩石的微裂纹初始应力值的绝对值非常高，如法国某处细粒花岗岩的裂纹初始应力值可达到 75 MPa 以上[133]，有些岩石可达到 80 MPa[120]。低于裂纹初始应力值的应力区，并不发生微裂纹的产生及扩展。

一些文献推测形成岩石 DME 的机理为新裂纹的产生及已有裂纹的扩展。若此模型成立，则和 Kaiser 效应一样，岩石 DME 应该存在于阶段 3 和 4 中，即至少大于 30% UCS 的应力区间。Lavrov[62]对 Kaiser 效应的研究进行了系统的综述，指出 Kaiser 效应发生在 UCS 的 30%～80%。但是试验表明，在裂纹初始应力值以下应力区域，仍然存在岩石 DME。本章物理试验同样证明，岩石 DME 存在于低于 10% UCS 或 15% UCS 的应力区域。

Yamshchikov 等[15]指出岩石 DME 在弹性变形区仍然存在。Park 等[50]证实 Hwangdung 花岗岩试样的 11.8% UCS 以下应力区域仍存在 DME。一些日本研究者[24]通过试验证实：对于 Inada 花岗岩试样［UCS 为（185±8）MPa］，DRA 法可以测得低于 10%UCS 的应力峰值的记忆效应；对于 Shirahama 砂岩，DRA 法可以测得 17.3% UCS 的应力峰值记忆效应（初始加载 10.35 MPa）。Hunt 等[13]采用粗粒砂岩圆柱体试样进行人工记忆效应的试验，试样的单轴抗压强度为 82.1 MPa，初始加载应力峰值为 15.4 MPa。结果表明，在 18.7% UCS 的应力区间，仍然存在岩石 DME。张剑锋[71]和詹恕齐[72]的试验表明，岩石记忆效应存在于低于 20% UCS 的应力区域。Yamamoto 等[16]采用花岗闪长岩的岩芯试样（弹性模量为 20 GPa）和中性长石试样（弹性模量为 57 GPa）进行了人工记忆效应的研究。结果表明，试样在 1 MPa 至 5 MPa 的应力区域中存在 DME。

由以上物理试验结论可知，微裂纹的产生及扩展并不能解释低于微裂纹初始应力值以下区域存在 DME 的现象。

无论是低于微裂纹初始应力值应力区域还是高于其的应力区域，始终存在接触面上的黏弹性摩擦滑动，并伴随非线性变形和摩擦滞回现象[126,133-135]。David 等[133]于 2012 年在 Walsh[136-137]的基础上通过物理试验对岩石内部接触面（他们统称为类裂纹缺陷面）摩擦滑动的力学行为进行了研究。试验选择法国 La Peyratte 采石场的细颗粒花岗岩作为试验材料,制作长度 85 mm、直径 40 mm 的圆柱体试样。进行单轴压缩试验,为排除无微裂纹的产生和扩展,选取最大加载应力值为 75 MPa,约为 35% 的单轴抗压强度(210~230 MPa)。同时在加卸载过程进行声发射记录,声发射现象为 0,再次验证加卸载过程中无微裂纹的产生与扩展,最终实现摩擦滑动对岩石非线性变形影响的研究。

同时,西澳大学 Hsiel 的试验表明,对于不含有微裂纹及颗粒接触面的材料,如一些大分子材料,无法观测到 DME[138]。

本书认为岩石内部微裂纹及颗粒接触面上的黏弹性摩擦滑动是形成岩石 DME 的一种机理。遵循由易入繁的原则,首先建立一维理论基本单元实现对含有单对接触面的单位体积岩石的模拟,然后扩展到含有多对接触面的理论模型并得到数学解析解,对结果进行分析并与物理试验进行对比。

7.3 岩石 DME 的一维力学理论模型

7.3.1 基本单元理论模型

为避免误差及多余假设,本书采用最基本的岩石三元件组合对机理进行描述,并且采取求解数学解析解的方式对模型进行求解。如图 7-2 所示,采用弹性元件、黏性元件、圣维南体(St. V)的组合构建模型,实现对岩石内部接触面的黏弹性摩擦滑动的模拟。

基本单元如图 7-2 所示,代表含有单对接触面的单位体积岩石。其由两部分组成:第一部分为上部的弹性元件 2,代表岩石弹性基质的基本力学特性;第二部分由弹性元件 3、Maxwell 体和 St. V 体并联组成,其变形代表接触面的力学行为对岩石变形的贡献,用以模拟接触面上黏弹性摩擦滑动。由公式(7-1)可知,含接触面的单位岩石的平均应变是弹性基质应变和接触面应变的和,因此两部分进行串联组合。整个基本单元可表示为 "Spr—Spr ‖ Maxwell ‖ St. V"。其中,"—"代表串联, "‖"表示并联。第二部分称作"Spr ‖ Maxwell ‖ St. V"体。其中,St. V 体的黏

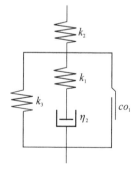

图 7-2　基本单元示意图

聚力 co_1 控制摩擦滑动的启动和停止。接触面的启动停止与接触面的尺寸、倾角有关,一维模型无法直接考虑接触面倾角等。但是 St. V 体黏聚力的不同,在某种意义上代表了尺寸、倾角的不同。Maxwell 体和弹性元件 3 并联,代表接触面间的黏弹性介质对滑动的黏弹性抵抗作用。

基本单元中 k_1、k_2、k_3 分别为弹性元件 1、弹性元件 2、弹性元件 3 的弹性模量。co_1 为圣维南体的黏聚力,η_1 为黏性元件的黏性系数。为明确基本单元中各组件性质,以下给出其力学公式。如图 7 - 3,对于胡克弹性体,简称 H 体,其本构方程符合胡克定律,其本构方程为:

$$\sigma = k\varepsilon \tag{7-2}$$

式中,k 为弹性模量。应力仅仅依赖于应变,与时间无关,弹性变形瞬间完成。应力应变值一一对应。受力后储存弹性势能,外力消失后弹性势能释放,可作为储能元件。胡克弹性体无弹性后效,无应力松弛,无蠕变流动,用于对弹性介质的模拟。

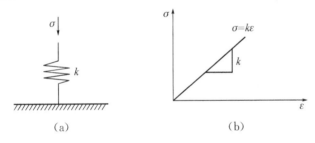

图 7 - 3　弹性元件示意图

如图 7 - 4,对于圣维南体,当元件所受应力达到应力极限 σ_s 时便开始保持应力不变(大小为 σ_s),应变持续增加,基本单元中应力极限为黏聚力 co_1。其本构方程为:

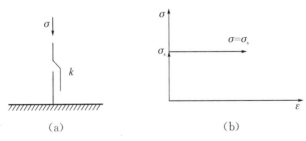

图 7 - 4　圣维南体示意图

$$\begin{cases} \varepsilon = 0, & \sigma < \sigma_s \\ \varepsilon \to \infty, & \sigma \geqslant \sigma_s \end{cases} \qquad (7-3)$$

如图 7-5，对于黏性元件 α 的牛顿体（N 体），应力与应变变形率成正比。其本构方程为：

$$\sigma(t) = \eta \frac{\mathrm{d}\varepsilon(t)}{\mathrm{d}t} \qquad (7-4)$$

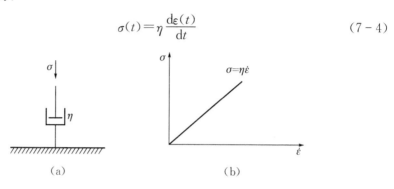

(a)   (b)

图 7-5   黏性元件示意图

如图 7-6(a)，Maxwell 体由一个胡克弹性元件和一个黏性元件串联组成，简称 M 体。H 体与 N 体串联，两者承受的应力相同，M 体的应变为 H 体和 N 体的应变相加。其本构方程为：

$$\frac{\mathrm{d}\varepsilon(t)}{\mathrm{d}t} = \frac{1}{k}\frac{\mathrm{d}\sigma(t)}{\mathrm{d}t} + \frac{\sigma(t)}{\eta} \qquad (7-5)$$

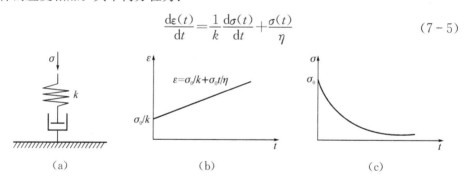

(a)   (b)   (c)

图 7-6   Maxwell 体示意图

Maxwell 体常用来模拟材料流变力学行为[139-140]。蠕变是指固体在保持应力不变的情况下，应变随时间增加的现象。设 M 体初始条件未承受任何应力及应变，瞬时加载为 σ_0，承受的应力为常量 σ_0，即 $\sigma(t) = \sigma_0$。此时，M 体的蠕变方程为公式(7-6)。蠕变示意图如图 7-6(b)所示。

$$\varepsilon(t) = \frac{\sigma_0}{k} + \frac{\sigma_0 t}{\eta} \qquad (7-6)$$

松弛是指固体在保持应变不变的情况下,应力随时间逐渐减小的现象。假设 M 体 $t=0$ 时刻承受瞬间应变然后保持此应变恒定。黏性元件无法承受瞬间应变,此时应变都由弹性元件提供,弹性元件应力为 $\sigma_0=k\varepsilon_0$。此后过程中,弹性元件的弹性势能逐渐通过黏性元件释放,将初始应力作为初始条件代入公式(7-5)中,得到应力松弛方程:

$$\sigma=k\varepsilon_0 e^{-kt/\eta} \tag{7-7}$$

松弛过程中,Maxwell 体应力随时间的变化如图 7-6(c)所示。

基本单元由以上岩石基本元件组合而成。各基本元件力学行为仍符合公式(7-2)~(7-7)。由于上部弹性元件 2 与"Spr‖Maxwell‖St. V"体为串联连接方式,设施加应力为 σ,因此两者的应力相同,应变为两者的叠加,即:

$$\begin{cases} \sigma=\sigma^e=\sigma^c \\ \varepsilon=\varepsilon^e+\varepsilon^c \end{cases} \tag{7-8}$$

式中,σ^e,ε^e 分别代表弹性元件 2 的应力和应变;σ^c,ε^c 分别代表"Spr‖Maxwell‖St. V"体的应力和应变。

对于"Spr‖Maxwell‖St. V"体,三个元件相互并联,其应力 σ^c 为三部分应力之和:

$$\sigma^c=\sigma_{fric}+\sigma_{spr1}+\sigma_{spr3} \tag{7-9}$$

式中,σ_{fric} 代表圣维南体的应力;σ_{spr1} 代表弹性元件 1 的应力;σ_{spr3} 代表弹性元件 3 的应力。

Maxwell 体为元件 1 和黏性元件串联,其承受的应力相同,应变为两元件之和:

$$\begin{cases} \varepsilon^c=\varepsilon_{das}+\varepsilon_{spr1} \\ \sigma_{das}=\sigma_{spr1} \end{cases} \tag{7-10}$$

式中,σ_{das},ε_{das} 分别为黏性元件的应力与应变,其中 σ_{das} 和 σ_{spr1} 满足下式:

$$\begin{cases} \sigma_{spr1}=k_1\varepsilon_{spr1} \\ \sigma_{das}=\eta_1\dot{\varepsilon}_{das} \end{cases} \tag{7-11}$$

对于弹性元件 2,其代表岩石弹性基质的力学性质,本构关系如下:

$$\sigma^e=k_2\varepsilon^e \tag{7-12}$$

对于圣维南体,有静止和滑动两种状态,需要比较其应力和黏聚力后做出判断,当应力超过黏聚力时,"Spr‖Maxwell‖St. V"体开始滑动,而且圣维南体承受应力不变,始终为黏聚力。

滑动状态:

$$|\sigma_{\text{fric}}| = co_1 \tag{7-13}$$

静止状态:

$$\begin{cases} |\sigma_{\text{fric}}| < co_1 \\ \varepsilon^c = \varepsilon_0^c \end{cases} \tag{7-14}$$

当应力小于黏聚力时,圣维南体停止滑动,处于静止状态,整个"Spr ‖ Maxwell ‖ St. V"体被圣维南体"锁住",ε_0^c 为"Spr ‖ Maxwell ‖ St. V"体初始应变。此时,弹性元件 1 和弹性元件 3 的形变无法恢复,将储存弹性势能。弹性元件 1 随着时间的推移,将会通过黏性元件将弹性势能耗散。

公式(7-8)~(7-14)为基本单元的基本方程组。在外界加载条件已知的情况下,即可通过公式(7-8)~(7-14)求得基本单元的应变的数学解析解,连续测量加载的应变代入应变差函数(2-1)中即可得到 DRA 曲线。

为了验证基本单元的力学性质及 DME,本章设计了三种数值加载方式。每种加载方式都包含两部分:初始加载,应力峰值为 σ_p,用来形成记忆信息;连续两次测量加载,应力峰值为 σ_m,用来为 DRA 法提供应力应变数据。加载和卸载速率相同,记作 s。两次测量加载的应变差 $\Delta\varepsilon_{2,3}(\sigma)$ 相对于应力的曲线为 DRA 曲线。由于是一维模型,本章所有 DRA 曲线都为轴向 DRA 曲线。

7.3.2 多微结构面单元理论模型

本书不考虑微结构面之间的相互作用,因此采用串联方式将基本单元进行连接,含有 n 个微结构面的理论模型如图 7-7 所示。采用这种方式有以下几方面原因:① 这类串联方式无论是在裂纹扩展机理模型还是在摩擦滑动模型研究中都出现过[15,26]。② 岩体微结构面的相互作用是一个极为复杂的问题,微结构面既有相互作用又有应力屏蔽,是否需要考虑这些效应仍有争论。正如冯西桥等指出,对于材料一般有效本构,忽略相互作用不会带来较大误差[141];孙均院士指出,企图研究微结构面间的相互作用对岩体的力学效应是不现实的[140]。现阶段也没有既简单又有效的计算方法[141]。③ 并非所有微结构面都发生相互作用,这些不发生相互作用的微结构面仍对岩石变形贡献巨大,因此从理论上讲,不考虑相互作用并不影响理论模型对黏弹性摩擦滑动机理表达的有效性。

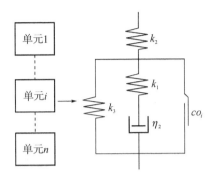

图 7－7　多接触滑动面理论模型

多微结构面理论模型在应力作用下：

$$\begin{cases} \sigma = \sigma^{\alpha} \\ \varepsilon = \displaystyle\sum_{\alpha=1}^{n} \varepsilon^{\alpha} \end{cases} \tag{7-15}$$

式中，σ——施加应力；

　　ε——模型应变；

　　α——微结构面序号；

σ^{α}，ε^{α}——序号为 α 的微结构面的应力与应变。

理论模型中每个基本单元的力学性质符合公式(7-8)～(7-14)。

本章选择了 200 个基本单元进行数值模拟（$n=200$）。由基本单元的分析结果可知，微结构面黏聚力起主要控制作用，同时为了简化参数分析，每个单元的参数中，只有黏聚力不同，其余参数都相同。由于岩石内部微裂纹及颗粒微结构面上黏聚力的大小分布未知，因此本书采用两种分布的黏聚力进行数值模拟：均匀分布和正态分布。每组中两种分布的均值和标准差设置为相同，用以比较不同分布对结果的影响。

在生成随机分布的正态分布黏聚力时，在 MATLAB 编程环境下，采用自带函数 NORMRND(MU,SIGNA,A,B)。其含义为生成平均值为 MU，标准差为 SIGNA 的 $A \times B$ 维的正态分布的随机数矩阵。黏聚力不可能为负值，采用 NORMRND 函数生成的负随机数将被删去，并按照相同的均值和标准差重新生成。本书生成的正态分布的黏聚力如图 7-8 所示，黏聚力分布密度如图 7-9 所示。

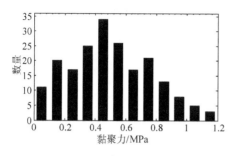

图 7-8　正态分布的黏聚力

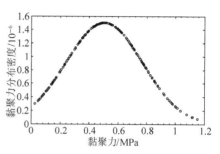

图 7-9　黏聚力分布密度

7.4　岩石 DME 基本特征的一维模型力学响应

7.4.1　基本单元模型的力学响应

为了验证基本单元是否可以产生 DME（即 DRA 曲线是否存在 DRA 折点），本书设计了基本加载试验。如图 7-10 所示，基本加载试验包含三次连续循环加载。第一次加载称为初始加载，在图 7-10 中用虚线所示，用来形成初始应力记忆信息（或称用来模拟初始地应力记忆信息），最大加载应力记

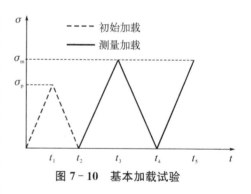

图 7-10　基本加载试验

为 σ_p。第二次及第三次为连续的两次循环加载，称为测量加载，用来为 DRA 法测量 σ_p 提供应力、应变信息，最大应力值记为 σ_m。应力加载路径遵循公式（7-16）。

加载路径符合如下公式：

$$\sigma = \begin{cases} st & (0 \leqslant t < t_1) \\ -s(t-t_2) & (t_1 \leqslant t < t_2) \\ s(t-t_2) & (t_2 \leqslant t < t_3) \\ -s(t-t_4) & (t_3 \leqslant t < t_4) \\ s(t-t_4) & (t_4 \leqslant t \leqslant t_5) \end{cases} \qquad (7-16)$$

将外界加载条件（7-16）代入公式（7-8）～（7-14）中可得基本单元在不同

加载阶段的应力应变关系。

为了得到单元的基本性质及元件参数对基本单元的影响,需要在数值试验中进行参数分析。一是为了减少参数数量进而简化分析,二是使结果不受所选单位系统的影响,本章引入参数无量纲分析[141-142]。通过无量纲分析,使用系统的基础单位或大自然的自然单位来按比例改变物理量的数值,这种方法可以使得物理学者更了解系统的基础性质。无量纲分析主要包括以下步骤:

(1) 独立参数的选择:独立参数的数目要具有完整性,而独立参数本身要体现独立,不能被其他参数所变大。

(2) 根据 buckingham-π 定理[143],进行参数无量纲化组合:buckingham-π 定理是指对于某个物理现象,如果存在 n_1 个变量,即 $F_1(x_1, x_2, \cdots, x_{n1}) = 0$。而这些变量中含有 n_2 个基本量,则可将这些基本变量组合成 $(n_1 - n_2)$ 个无量纲数 π。函数关系为 $F_2(\pi_1, \pi_2, \cdots, \pi_{n_1 - n_2}) = 0$。

(3) 对无量纲组合进行赋值,并代入数值试验中进行分析。

基本单元在基本加载试验中,有 8 个独立参数:$k_1, k_2, k_3, \eta_1, co_1, s, \sigma_p$ 及 σ_m。对于弹性元件 2,代表弹性基质的应变响应,在加卸载过程中,在相同的应力水平下,弹性基质的应变相同。因此,在应变差函数公式(2-1)中,弹性元件 2 的应变将被抵消,即弹性元件 2 并不影响 DRA 曲线。因此,分析中将参数 k_2 排除,进一步减少变量数量。

选择国际单位制为单位系统,M 代表质量,L 代表长度,T 代表时间。独立参数的量纲如下:

$$\begin{cases} [\eta_1] = ML^{-1}T^{-1} \\ [k_1] = ML^{-1}T^{-2} \\ [k_3] = ML^{-1}T^{-2} \\ [co_1] = ML^{-1}T^{-2} \\ [s] = ML^{-1}T^{-3} \\ [\sigma_m] = ML^{-1}T^{-2} \\ [\sigma_p] = ML^{-1}T^{-2} \end{cases} \quad (7-17)$$

选取 s 和 co_1 为基本独立变量。根据 buckingham-π 定理,得到无量纲数 $\pi'_1 \sim \pi'_5$:

$$\begin{cases} \pi'_1 = [s]^{a_1} [co_1]^{b_1} [\eta_1]^{c_1} \\ \pi'_2 = [s]^{a_2} [co_1]^{b_2} [k_1]^{c_2} \\ \pi'_3 = [s]^{a_3} [co_1]^{b_3} [k_3]^{c_3} \\ \pi'_4 = [s]^{a_4} [co_1]^{b_4} [\sigma_p]^{c_4} \\ \pi'_5 = [s]^{a_5} [co_1]^{b_5} [\sigma_m]^{c_5} \end{cases} \qquad (7-18)$$

将各参数代入公式(7-18)中得到以下无量纲组合:

$$\begin{cases} \pi'_1 = \eta_1 s / co_1^2 \\ \pi'_2 = k_1 / co_1 \\ \pi'_3 = k_3 / co_1 \\ \pi'_4 = \sigma_p / co_1 \\ \pi'_5 = \sigma_m / co_1 \end{cases} \qquad (7-19)$$

在数值分析中,当 $\eta_1 s / co_1^2$、k_1 / co_1、k_3 / co_1 三者比例一样时,无论三者中的无量纲组合数值如何变化,都不影响结果。因此认为,结果和三者比值 $[(\eta_1 s / co_1^2):(k_1 / co_1):(k_3 / co_1)]$ 有关系。同时除以 k_1 / co_1,将三组无量纲组合合并为两个:$\eta_1 s / k_1 co_1$ 和 k_3 / k_1。最终得到以下无量纲组合:

$$\begin{cases} \pi_1 = \eta_1 s / k_1 co_1 \\ \pi_2 = k_3 / k_1 \\ \pi_3 = \sigma_p / co_1 \\ \pi_4 = \sigma_m / co_1 \end{cases} \qquad (7-20)$$

无量纲组合取值如下:

π_1:5,10,30,50;

π_2:0.01,0.1,1,10,100;

三次加载应力峰值:

π_3 / π_4:0.6/0.8;0.6/1.4;1.2/1.4;1.6/1.8;2.2/2.4;2.6/2.8。

数值试验表明,随着加载应力峰值所处区域的不同,DRA 曲线最多可以出现两个折点。根据初始加载峰值 σ_p 的不同,可以分为三种情况:一是 σ_p 低于 St. V 体黏聚力 co_1,二是 σ_p 介于 co_1 与 $2co_1$ 之间,三是 σ_p 大于 $2co_1$。典型应力-应变曲线如图 7-11、图 7-13、图 7-15、图 7-17 和图 7-19 所示;典型的 DRA 曲线如图 7-12、图 7-14、图 7-16、图 7-18 和图 7-20 所示。

以下根据三种情况分别给出结果:

1) $\pi_3 < 1$(即 $\sigma_p < co_1$)

当 $\pi_3 < 1$(即 $\sigma_p < co_1$)时,初始加载过程中,滑动未启动,模型完全处于弹性阶段。其中,当 π_3 和 π_4 都小于 1 时(即 $\sigma_p < \sigma_m < co_1$),"Spr ‖ Max ‖ St. V"体(接触滑动面)未开始滑动,基本单元为完全弹性响应,应力应变为线弹性关系,如图 7-11 所示。此时,DRA 曲线为一条直线,不存在 DRA 折点,如图 7-12 所示。当 $\pi_4 > 1$ 时(即 $\sigma_p < co_1 < \sigma_m$),此时测量加载中"Spr ‖ Max ‖ St. V"体(接触滑动面)有滑动,应力-应变曲线如图 7-13 所示,DRA 曲线在 co_1 处有折点,此时只是对圣维南体黏聚力 co_1 的记忆,如图 7-14 所示。

综上,当 $\pi_3 < 1$($\sigma_p < co_1$)时,DRA 曲线不存在对 σ_p 的记忆效应。

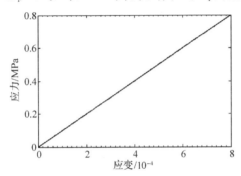

图 7-11　基本单元应力-应变曲线,$\pi_1 = 1,\pi_2 = 1,\pi_3 = 0.6,\pi_4 = 0.8$

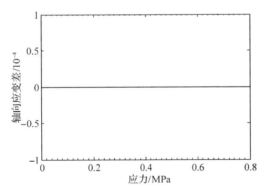

图 7-12　基本单元的 DRA 曲线,$\pi_1 = 1,\pi_2 = 1,\pi_3 = 0.6,\pi_4 = 0.8$

2) $2 < \pi_3 < \pi_4$(即 $2co_1 < \sigma_p < \sigma_m$)

此区域,典型的应力-应变曲线如图 7-15 所示。DRA 曲线如图 7-16 所示,DRA 曲线也有两个折点,第一个折点对应的应力值记为"σ_{DRA1}";第二个折点

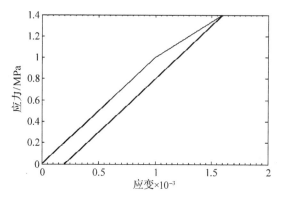

图 7 - 13 基本单元的应力-应变曲线，$\pi_1 = 1, \pi_2 = 1, \pi_3 = 0.6, \pi_4 = 1.4$

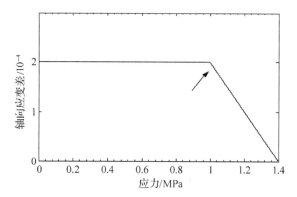

图 7 - 14 基本单元的 DRA 曲线，$\pi_1 = 1, \pi_2 = 1, \pi_3 = 0.6, \pi_4 = 1.4$

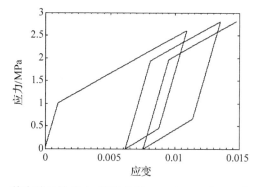

图 7 - 15 基本单元的应力-应变曲线，$\pi_1 = 1, \pi_2 = 1, \pi_3 = 2.6, \pi_4 = 2.8$

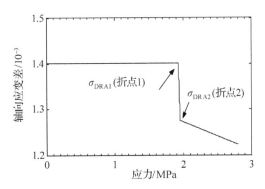

图 7 - 16　基本单元的 DRA 曲线，$\pi_1 = 1, \pi_2 = 1, \pi_3 = 2.6, \pi_4 = 2.8$

对应的应力值记为"σ_{DRA2}"。两个折点都发生在对应应力 $2co_1$ 处。需要指出的是，两个折点都不是对初始加载 σ_p 的记忆，而是对 $2co_1$ 的体现。

由结果可知，此应力区域内，并不存在对初始加载 σ_p 的记忆。

3) $1 < \pi_3 < 2$(即 $co_1 < \sigma_p < 2co_1$)

此区域内，测量加载峰值应力 σ_m 同时小于 $2co_1$ 时，典型的应力-应变曲线如图 7 - 17 和图 7 - 19 所示。DRA 曲线如图 7 - 18 和图 7 - 20 所示，最多有两个 DRA 折点，第一个折点对应的应力值记为"σ_{DRA1}"，第二个折点对应的应力值记为"σ_{DRA2}"。第一个折点"σ_{DRA1}"是对初始加载应力峰值 σ_p 的记忆，第二个折点"σ_{DRA2}"是对第一次测量加载应力峰值 σ_m 的记忆。当 σ_m 大于 $2co_1$ 时，第二个折点发生在 $2co_1$ 处，此折点并非对 σ_m 的记忆，仍是对 $2co_1$ 的体现。

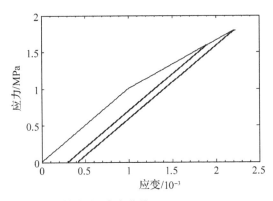

图 7 - 17　基本单元的应力-应变曲线，$\pi_1 = 50, \pi_2 = 1, \pi_3 = 1.6, \pi_4 = 1.8$

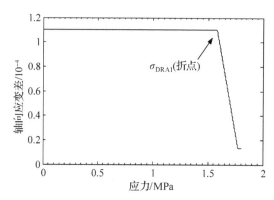

图 7-18　基本单元的 DRA 曲线，$\pi_1 = 50, \pi_2 = 1, \pi_3 = 1.6, \pi_4 = 1.8$

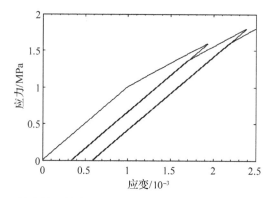

图 7-19　基本单元的应力-应变曲线，$\pi_1 = 1, \pi_2 = 1, \pi_3 = 1.6, \pi_4 = 1.8$

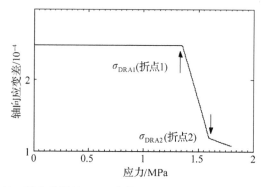

图 7-20　基本单元的 DRA 曲线，$\pi_1 = 1, \pi_2 = 1, \pi_3 = 1.6, \pi_4 = 1.8$

由此证明，当初始加载应力峰值 σ_p 位于 $co_1 \sim 2co_1$ 之间时，基本单元存在对 σ_p 的记忆效应，且 DRA 曲线的形状为：在 DRA 折点之前，DRA 曲线为水平直线，在 DRA 折点之后，DRA 曲线向下弯曲。

我们重点对应力区间 $1<\pi_3<\pi_4<2$(即 $co_1<\sigma_p<\sigma_m<2co_1$)内参数对基本单元记忆效应的影响进行分析:首先,将两个 DRA 折点"σ_{DRA1}"和"σ_{DRA2}"进行无量纲化处理:

$$\begin{cases} \pi_{01}=\dfrac{\sigma_{DRA1}}{co_1}=f_1^1(\pi_1,\pi_2,\pi_3,\pi_4) \\[3mm] \pi_{02}=\dfrac{\sigma_{DRA2}}{co_1}=f_2^1(\pi_1,\pi_2,\pi_3,\pi_4) \end{cases} \qquad (7-21)$$

在此区间,DRA 法测量初始加载应力 σ_p 的准确度有如下规律:

(1) 当 $\pi_2(k_3/k_1)$ 保持不变时,随着 $\pi_1(\eta_1 s/k_1 co_1)$ 的增大,$\pi_{01}(\sigma_{DRA1}/co_1)$ 会越来越接近于 $\pi_3(\sigma_p)$,即 DRA 法的准确度随着 $\pi_1(\eta_1 s/k_1 co_1)$ 的增大会越来越高。当 $\pi_1(\eta_1 s/k_1 co_1)$ 保持不变时,随着 $\pi_2(k_3/k_1)$ 的增大,$\pi_{01}(\sigma_{DRA1})$ 会越来越接近于 $\pi_3(\sigma_p/co_1)$,即 DRA 法的准确度随着 $\pi_2(k_3/k_1)$ 的增大会越来越高,以 $\pi_3=1.2$、1.6 为例,如图 7-21 所示。

(2) $\pi_{02}(\sigma_{DRA2}/co_1)$ 是对第一次测量加载 $\pi_4(\sigma_m/co_1)$ 的记忆。其规律与 $\pi_{01}(\sigma_{DRA1}/co_1)$ 的规律相同,即随着 π_1 和 π_2 的增大,$\pi_{02}(\sigma_{DRA2}/co_1)$ 会越来越接近于 $\pi_4(\sigma_m/co_1)$。以 $\pi_4=1.4$、1.8 为例,如图 7-22 所示。需要指出的是:当 $\pi_{02}(\sigma_{DRA2}/co_1)$ 非常接近于 $\pi_4(\sigma_m/co_1)$ 时,第二个折点会非常接近于曲线的尾部甚至等于曲线的尾部,此时第二个折点很难称得上是一个"折点"。图 7-18 给出了一个实例,可以想象当尾部变得更短时,第二个折点将"消失"。

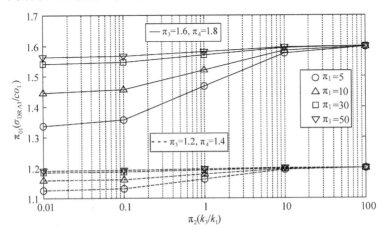

图 7-21　π_{01} 与 $\pi_1(\eta_1 s/k_1 co_1)$、$\pi_2(k_3/k_1)$ 的关系

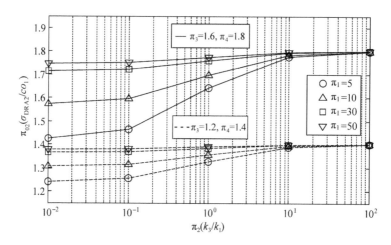

图 7-22　$\pi_{02}\left(\sigma_{\mathrm{DRA2}}/co_1\right)$ 与 $\pi_1\left(\eta_1 s/k_1 co_1\right)$、$\pi_2\left(k_3/k_1\right)$ 的关系

由此区间的结果可知,基本单元具有对初始加载的记忆效应,且 DRA 曲线具有以下特征:DRA 曲线在 DRA 折点处向下弯曲,其测量记忆信息的准确度正比于参数 $\pi_1\left(\eta_1 s/k_1 co_1\right)$ 和 $\pi_2\left(k_3/k_1\right)$。

7.4.2　多微结构面单元模型的力学响应

黏聚力均匀分布下典型的应力-应变曲线如图 7-23 所示,黏聚力正态分布下典型的应力-应变曲线如图 7-24 所示。两种分布下对应的 DRA 曲线如图 7-25 和图 7-26 所示。

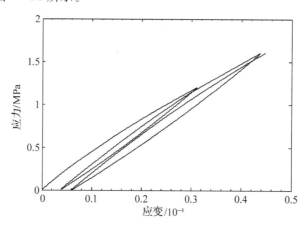

图 7-23　模型应力-应变曲线(黏聚力均匀分布)

$\left(\eta_{1s}/k_1=10^7,k_3/k_1=1,\sigma_{\mathrm{p}}=1.2\ \mathrm{MPa},\sigma_{\mathrm{m}}=1.6\ \mathrm{MPa}\right)$

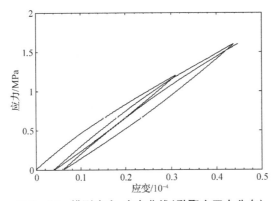

图 7 - 24　模型应力-应变曲线(黏聚力正态分布)

$(\eta_{1s}/k_1=10^7, k_3/k_1=1, \sigma_p=1.2 \text{ MPa}, \sigma_m=1.6 \text{ MPa})$

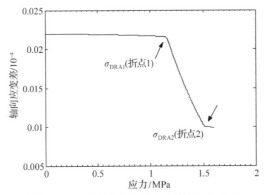

图 7 - 25　黏聚力均匀分布下的 DRA 曲线

$(\eta_{1s}/k_1=10^7, k_3/k_1=1, \sigma_p=1.2 \text{ MPa}, \sigma_m=1.6 \text{ MPa})$

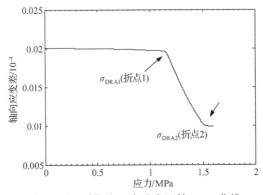

图 7 - 26　黏聚力正态分布下的 DRA 曲线

$(\eta_{1s}/k_1=10^7, k_3/k_1=1, \sigma_p=1.2 \text{ MPa}, \sigma_m=1.6 \text{ MPa})$

需要指出的是,和基本单元不同,当初始加载和测量加载应力峰值都大于 2 倍的最大黏聚力时,并没有出现对应于 2 倍最大黏聚力的明显折点,如图 7 - 27 和图 7 - 28 所示。

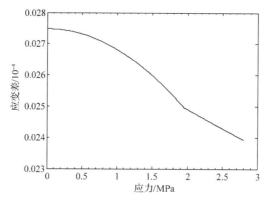

图 7 - 27　黏聚力均匀分布下的 DRA 曲线

($\eta_{1s}/k_1 = 10^7, k_3/k_1 = 1, \sigma_p = 2.6$ MPa,$\sigma_m = 2.8$ MPa)

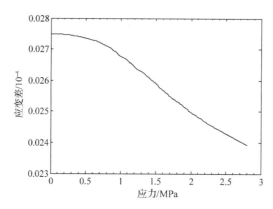

图 7 - 28　黏聚力正态分布下的 DRA 曲线

($\eta_{1s}/k_1 = 10^7, k_3/k_1 = 1, \sigma_p = 2.6$ MPa,$\sigma_m = 2.8$ MPa)

基于多微结构面理论模型,得到以下结论:

(1)多微结构面理论模型最多有两个折点,按照出现顺序,其对应的应力值分别记作 σ_{DRA1} 和 σ_{DRA2},如图 7 - 25 和图 7 - 26 所示。与基本单元相似,两个折点存在于最小黏聚力与 2 倍最大黏聚力之间。σ_{DRA1} 是对初始加载 σ_p 的记忆;σ_{DRA2} 是对第一次测量加载 σ_m 的记忆。

(2)与基本单元类似,在理论模型中,DRA 法测量初始加载的准确度与参数组合 η_{1s}/k_1、k_3/k_1 有关。DRA 法的精度与 η_{1s}/k_1 和 k_3/k_1 成正比。当精度很高时,$\sigma_{DRA1}=\sigma_p$,$\sigma_{DRA2}=\sigma_m$,此时,第二个折点将完全消失。

（3）与基本单元不同,当 σ_p 和 σ_m 同时大于 2 倍最大黏聚力时,DRA 曲线并没有 DRA 折点,如图 7 - 27 和图 7 - 28 所示。

（4）黏聚力的正态分布与均匀分布,对 DRA 法测量初始加载应力峰值的精度和 DRA 曲线的形状并没有影响,可由实例图 7 - 25 和图 7 - 26 比较得出。由此证明,黏聚力的分布规律并不影响 DRA 曲线的形状。

（5）与基本单元的 DRA 曲线不同。多微结构面理论模型中,DRA 曲线的形状为:在第一个 DRA 折点前,DRA 曲线可以是直线,也可以是平滑下倾的曲线,这取决于参数。

由基本加载方式的结果可知,多微结构面理论模型可以产生 DME。DRA 曲线在 DRA 折点处向下弯曲,在 DRA 折点之前,可以是直线,也可以是平滑下倾的曲线。

7.4.3　与物理试验的对比

1）轴向 DRA 曲线的形状

物理试验中的 DRA 曲线会出现各种形状和各种弯曲,如第三至六章的 DRA 曲线所示。DRA 法的应用中,最重要也最困难的一个问题是,如何确定正确的 DRA 折点。由理论模型结果可知,对于轴向 DRA 曲线,DRA 折点之后 DRA 曲线向下弯曲。一般来讲,轴向 DRA 曲线最为常用。Seto 等[52]总结了四种类型的轴向 DRA 曲线,如图 7 - 29 所示。这四种类型的轴向 DRA 曲线有

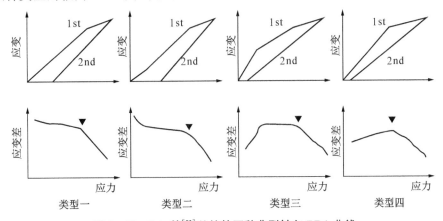

图 7 - 29　Seto 等[52]总结的四种典型轴向 DRA 曲线

个共同的特征,即 DRA 曲线在 DRA 折点后向下弯曲。这个特征与理论模型的结论一致。同时,理论模型中轴向应变的 DRA 曲线形状也与物理试验结果相一致,如图 3 - 15、图 3 - 18、图 3 - 20 等。由此,理论模型能够产生 DME 得到验证。

2) 轴向 DRA 曲线的第二个折点

在已有的研究中,无论是 DRA 法的单纯应用还是 DME 的物理试验,都很少注意到记忆信息以外的折点。理论模型在一定情况下,会得到对应测量加载应力峰值的记忆效应的折点,即 DRA 曲线的第二个折点。

由理论模型结果可知,DRA 曲线的第二个折点是否清晰或者存在与岩石类型有关系,对应理论模型中的不同参数组合。这里需要指出的一个结论是:理论模型中的 DRA 曲线的两个折点的精度是同步的。一般试验中,DRA 曲线的第一个折点非常接近于初始加载应力峰值或地应力值。此时,第二个折点会非常接近于曲线的尾部,以至于无法从视觉上看出第二个折点的存在。这是一般文献中未对第一个折点以外的折点进行讨论的原因。

但是,有的文献中的结果可以显示岩石试样的 DRA 曲线存在第二个折点。如图 7 - 30 所示,为 Seto 等[54]的物理试验结果。试验材料为日本 Inada 花岗岩,初始加载峰值为 20.44 MPa。从图 7 - 30 中可以看出,DRA 曲线的第一个折点发生在明显低于初始应力峰值的区域,约为 16 MPa(向上箭头标记),而第二个折点发生在约 34 MPa 处(向上箭头标记),低于第一次测量加载的应力峰值(约 39 MPa)。此外,Hunt 等[13]人工记忆效应试验中所有砂岩试样的轴向 DRA 曲线同样在尾部出现折点。如图 7 - 31 所示,一些研究者[26,74]的试验中也观察到轴向 DRA 曲线尾部出现折点的情况,Dight 解读为此折点对应试样开

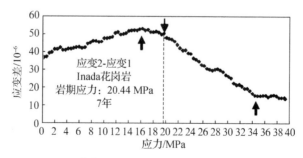

图 7 - 30　Seto 等[54]物理试验中 DRA 曲线的第二个折点实例图

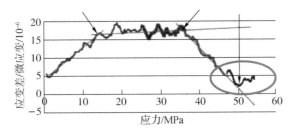

图 7 - 31　Dight[26] 物理试验中 DRA 曲线的第二个折点实例

采后的最大加载值[26]。根据理论模型,尾部折点对应第一次测量加载的记忆,测量加载始终为理论模型最大承受加载值。

7.4.4　一维理论模型的讨论

本节将从理论模型中圣维南体的作用、Maxwell 体的作用和"Spr3 ∥ Maxwell"体的作用对理论模型产生的结果进行详细的讨论与解析。

1) DRA 折点的形成

DRA 曲线的折点可以通过测量加载的应变差函数 $\Delta\varepsilon_{2,3}(\sigma)=\varepsilon_3(\sigma)-\varepsilon_2(\sigma)$ 来解释。初始加载卸载完成后,基本单元中"Spr3 ∥ Maxwell"被圣维南体锁住,弹性势能储存在弹性元件 3 和弹性元件 1 中。在第一次测量加载中,当施加应力超过弹性元件 3、Maxwell 体、圣维南体的黏聚力的总和时,圣维南体重新启动滑动,由此造成第一次测量加载的应力-应变曲线斜率的变化,即 $\varepsilon_2(\sigma)$ 曲线的变化。这种变化将导致应变差函数 $\Delta\varepsilon_{2,3}(\sigma)$ 曲线的变化,即产生第一个 DRA 折点。同样,$\varepsilon_3(\sigma)$ 曲线的变化同样会造成 DRA 曲线的折点,这是 DRA 曲线出现第二个折点的原因。下文将结合各个元件在基本单元中的作用,来详细解释第二个折点的形成。需要指出的是,理论模型中,DRA 法识别的初始记忆应力为三部分应力之和:第一部分是弹性元件 3 储存的应力,第二部分是 Maxwell 体的应力,第三部分为黏聚力。一部分的不完整都会造成记忆信息的损失,进而造成 DRA 法测量记忆信息准确度的损失。

2) 圣维南体的作用

圣维南体控制着 DRA 法起作用的应力范围。圣维南体特性为当应力超过黏聚力时将产生在黏聚力作用下的滑动,当应力低于黏聚力时则保持静止状态,即模型会被圣维南体"锁定"。"锁定"过程中会出现 Maxwell 体的各种变化。当每次卸载结束后,"Spr3∥Maxwell"体的应力(弹性元件 3 与 Maxwell 体的应力和)不能超过黏聚力;否则,圣维南体将维持滑动直至"Spr3∥Maxwell"体等于黏聚力。即"Spr3∥Maxwell"体所能储存的应力范围是从 0 到最大黏聚力。因此,每个基本单元所能储存的应力范围是从黏聚力到 2 倍黏聚力。将此类基本单元串联后组成多接触面理论模型,其 DRA 法所能测量的应力范围是"Spr3∥Maxwell"体所能储存的应力范围加上黏聚力,即从最小黏聚力到 2 倍最大黏聚力。

3) 弹性元件 3 和 Maxwell 体的作用

当"Spr3∥Maxwell"体被圣维南体锁住时,变形保持不变,Maxwell 体将会发生应力松弛,这是造成记忆信息不准确和失忆性的原因。当 Maxwell 体被圣维南体锁住时,Maxwell 体中的弹性元件将通过黏性元件释放弹性势能。放置时间 T_d 越长,弹性势能释放越多,Maxwell 体的应力松弛随时间的关系如下:

$$\sigma_{\text{Maxwell}}(t) = \sigma_0 e^{\frac{k(t_0 - T_d)}{\eta}} \qquad (7-22)$$

式中,σ_0 为 Maxwell 体 t_0 时刻的初始应力。应力释放速率反比于 η/k,这也是 DRA 法测量信息准确度正比于 $\eta s/k$ 的原因。应力释放随时间的变化关系如图 7 - 32 所示。

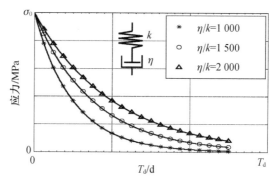

图 7 - 32　Maxwell 体的应力松弛($T_d = 0$)

应力松弛在不同的阶段会造成 DRA 曲线的不同特征。由理论模型结果可知,第一个 DRA 折点是对初始加载应力峰值的记忆,但是 DRA 折点会出现不精确的情况,即 σ_{DRA1} 不完全等于 σ_p。这是因为初始加载中的卸载过程中的后期和第一次测量加载过程中的初期时间段内,"Spr3∥Maxwell"体会被圣维南体锁住,此时 Maxwell 体出现应力松弛现象,即"Spr3∥Maxwell"体变形不变,但是应力下降的现象。这期间 Maxwell 体的应力损失，造成了 DRA 法测量记忆信息准确度的损失。

由理论模型可知，DRA 曲线在一定情况下会出现第二个折点。当第一次测量加载完成后，其应力峰值储存在"Spr3 ‖ Maxwell ‖ St. V"体中。在后续卸载过程中的后期和第二次测量加载过程中的初期时间段内，由于应力水平的降低，"Spr3 ‖ Maxwell"体被圣维南体锁住，变形保持不变，Maxwell 体应力出现下降产生应力松弛现象。当不完整的 Maxwell 体的应力加上弹性元件 3 的应力加上黏聚力之和被第二次测量加载超过时，圣维南体重新启动滑动，致使 $\varepsilon_3(\sigma)$ 曲线发生变化，由此造成 DRA 曲线上第二个折点的产生。这也是第二个折点对应应力值为记忆的第一次测量加载应力值的原因。

7.5　本章小结

在物理实验及已有研究结论的基础上，本章为变形记忆效应的形成提出一种新的机理：已有微裂纹及颗粒接触面上的黏弹性摩擦滑动。基于此机理，采用弹性元件、黏性元件和圣维南体构建了一维理论模型。采用基本加载方式对理论模型的力学响应及变形记忆效应进行了全面的分析，结果表明：

（1）变形记忆效应的形成：一维理论模型可以产生变形记忆效应，且理论模型中的 DRA 曲线在 DRA 折点后向下弯曲。此现象得到了物理试验的支持。

（2）岩石类型：在人工记忆没有达到永久记忆时，DRA 法的准确度取决于不同参数组合。由此，在基本加载方式下，DRA 法对人工记忆测量的准确度与岩石类型有关。

（3）接触面黏聚力的分布：黏聚力的正态分布与均匀分布并不影响变形记忆效应的产生、物理特征及 DRA 法读取记忆信息的准确度。

理论模型的结论都得到物理实验的支持，由此证明：微裂纹及颗粒接触面间的黏弹性摩擦滑动可以得到岩石变形记忆效应。同时理论模型对机理描述的有效性也得到了证明。

第 8 章

考虑时间因素的岩石 DME
一维力学模型响应

8.1　基本单元模型的力学响应

加载方式如图 8-1 所示。

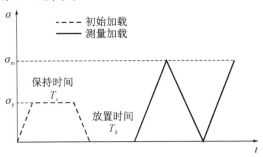

图 8-1　加载方式示意图

此加载方式用来研究加载保持时间及放置时间对 DME 的影响。加载保持时间是指初始加载保持加载峰值 σ_p 不变的时间,记作 T_c。放置时间是指初始加载卸载完成后到测量加载开始的时间,记作 T_d。加载方式符合以下加载路径:

$$\sigma=\begin{cases}st & (0\leqslant t\leqslant t_1) \\ st_1=\sigma_p & (t_1<t\leqslant t_2 ; t_2=t_1+T_c) \\ -s(t-t_3) & (t_2<t\leqslant t_3) \\ 0 & (t_3<t\leqslant t_4 ; t_4=t_3+T_d) \\ s(t-t_4) & (t_4<t\leqslant t_5) \\ -s(t-t_6) & (t_5<t\leqslant t_6) \\ s(t-t_6) & (t_6<t\leqslant t_7)\end{cases} \quad\quad (8-1)$$

同样,以黏聚力 co_1 及加载速率 s 为基本变量,将 T_c、T_d 及其他参数纳入无量纲数,最终得到以下无量纲参数:

$$\begin{cases}\pi_1=\eta_1 s/k_1 co_1 \\ \pi_2=k_3/k_1 \\ \pi_3=\sigma_p/co_1 \\ \pi_4=\sigma_m/co_1 \\ \pi_5=T_c s/co_1 \\ \pi_6=T_d s/co_1\end{cases} \quad\quad (8-2)$$

在基本加载的无量纲取值基础上,本章针对此种加载方式中的 T_c 和 T_d 进行了以下赋值:

π_5:1,10,20,30,40,50

π_6:1,4,7,10,13,16

加载方式中的典型 DRA 曲线和基本加载中的 DRA 曲线形状一样。和基本加载结果相同,DRA 曲线最多有两个折点:第一个折点是对初始加载 σ_p 的记忆,第二个折点是对第一次测量加载 σ_m 的记忆。将两个折点对应的应力值分别记作 σ_{DRA1} 和 σ_{DRA2},其对应的无量纲数为:

$$
\begin{cases}
\pi_{01} = \dfrac{\sigma_{DRA1}}{co_1} = f_1^2(\pi_1,\pi_2,\pi_3,\pi_4,\pi_5,\pi_6) \\
\pi_{02} = \dfrac{\sigma_{DRA2}}{co_1} = f_2^2(\pi_1,\pi_2,\pi_3,\pi_4,\pi_5,\pi_6)
\end{cases}
\tag{8-3}
$$

在此种加载中,π_{01}、π_{02} 与 π_1、π_2、π_3、π_4 的关系和基本加载中一致。此处不再重复这些结果,主要给出关于 T_c 和 T_d 的结论:

(1) 在加载保持时间 T_c 内,将产生蠕变现象,即保持应力水平不变,随着时间 T_c 的增长,基本单元应变会出现持续增加的现象。在时间 $T_c(\pi_5)$ 内,如果蠕变没有结束,那么 $\sigma_{DRA1}(\pi_{01})$ 会随着放置时间 $T_d(\pi_6)$ 的增长而远离 σ_p 值,且变得越来越小。即:DRA 法测量记忆信息 σ_p 的精度将随着放置时间 $T_d(\pi_6)$ 的增加而降低——随着放置时间的增加,将发生失忆性现象。$\sigma_{DRA1}(\pi_{01})$ 与 $T_c(\pi_5)$、$T_d(\pi_6)$ 的关系如图 8-2 所示。但是,与第一个折点不同的是,对于第一次测量加载 σ_m 的记忆,$\sigma_{DRA2}(\pi_{02})$ 会随着放置时间 $T_d(\pi_6)$ 的增加而接近 $\sigma_m(\pi_4)$ 值,且变得越来越大。$\sigma_{DRA2}(\pi_{02})$ 与 $T_c(\pi_5)$、$T_d(\pi_6)$ 的关系如图 8-3 所示。

(2) 在加载保持时间 $T_c(\pi_5)$ 内,蠕变变形没有结束的情况下,当放置时间 $T_d(\pi_6)$ 不变时,$\sigma_{DRA1}(\pi_{01})$ 会随着蠕变压在时间 $T_c(\pi_5)$ 的增长而接近 σ_p 值,且变得越来越大。即:加载保持时间 $T_c(\pi_5)$ 越长,DRA 法测量 σ_p 的精度越高,如图 8-2 所示。与第一个折点 π_{01} 相同,加载保持时间越长,$\sigma_{DRA2}(\pi_{02})$ 越接近于 $\sigma_m(\pi_4)$。第二个折点 π_{02} 与 π_5(加载保持时间 T_c)、π_6(放置时间 T_d)的关系如图 8-3 所示。

(3) 如果加载保持时间 T_c 足够长,蠕变变形充分完成,即随着加载保持时间的增长,基本单元变形稳定,达到"饱和应变"状态,那么,π_{01} 完全等于 $\pi_3(\sigma_{DRA1}=\sigma_p)$,且随着放置时间 T_d 的增长,$\pi_{01}(\sigma_{DRA1})$ 并不会变化——失忆性消失,即基本单元将产生永久记忆。以图 8-2 中 $\pi_5 = 50$ 为例,随着放置时间 $T_d(\pi_6)$ 的增加,σ_{DRA1} 恒等于 σ_p 值($\pi_{01} = \pi_3$)。相似地,$\sigma_{DRA2}(\pi_{02})$ 随着放置时间 $T_d(\pi_6)$ 的增加,恒等于一个小于 σ_m 的定值,如图 8-3 中 $\pi_5 = 50$ 的情况。

由以上结果可知,基本单元可以得到 DME 的失忆性,并且基本单元的失忆性特征为 DRA 折点所对应应力越来越远离记忆信息 σ_p;同时基本单元可以解释加载保持时间越长,记忆效应越好。当加载保持时间加至没有变形产生时,即达到"饱和应变"状态,记忆信息完全精确且不存在失忆性。

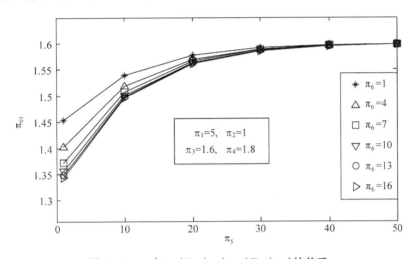

图 8-2　π_{01} 与 $\pi_5(T_c s/co_1)$、$\pi_6(T_d s/co_1)$ 的关系

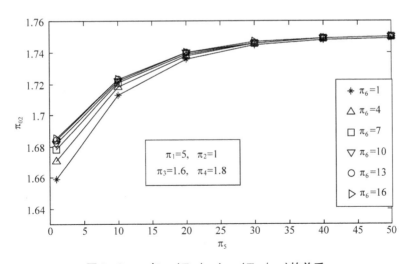

图 8-3　π_{02} 与 $\pi_5(T_c s/co_1)$、$\pi_6(T_d s/co_1)$ 的关系

8.2 多微结构面单元模型的力学响应

加载方式如图 8-1 所示。加载方式用来研究加载保持时间 T_c 和放置时间 T_d 对多接触面理论模型 DME 的影响。典型的应力-应变曲线如图 8-4 和图 8-5 所示,水平直线段代表加载保持时间的应力应变情况;相对应的 DRA 曲线如图 8-6 和图 8-7 所示。

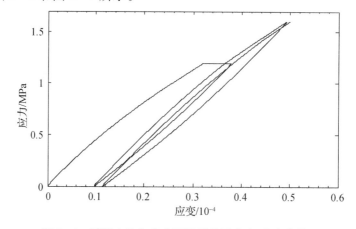

图 8-4 黏聚力均匀分布下模型典型应力-应变曲线图

($\eta_1 s/k_1 = 10^7$, $k_3/k_1 = 1$, $\sigma_p = 1.2$ MPa, $\sigma_m = 1.6$ MPa, $T_c = 8\sigma_p/s$, $T_d = 0$)

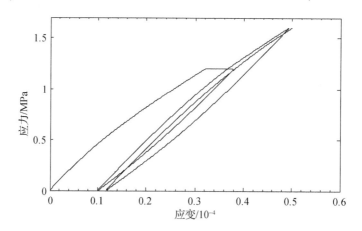

图 8-5 黏聚力正态分布下模型典型应力-应变曲线图

($\eta_1 s/k_1 = 10^7$, $k_3/k_1 = 1$, $\sigma_p = 1.2$ MPa, $\sigma_m = 1.6$ MPa, $T_c = 8\sigma_p/s$, $T_d = 0$)

该加载方式的基本结果与第 7 章结果一样,如最多两个折点(对应的应力同样记作 σ_{DRA1} 和 σ_{DRA2})。DRA 法测量记忆信息的准确度依赖于参数组合等结果。除此之外,和加载保持时间 T_c 及放置时间 T_d 相关的结果如下:

(1) 在加载保持时间 T_c 内,施加应力不变,理论模型将发生持续的蠕变变形。如果蠕变变形没有充分完成,即达不到"饱和应变"状态,随着加载保持时间的增长,σ_{DRA1} 会越来越大,并越来越接近初始加载应力峰值 σ_p,如图 8-6 和图 8-7 中 DRA 曲线所示。同时,随着保持加载时间 T_c 的增加,DRA 折点清晰度也越来越高。

(2) 如果在加载保持时间内,蠕变没有完成,即仍然存在持续蠕变变形,σ_{DRA1} 的值将随着放置时间 T_d 的增长,变得越来越小,并远离 σ_p 值,如图 8-8 和图 8-9 所示。在此种情况下,失忆性将随着放置时间产生。由结果可知,失忆性的表现特征有两个:一是 σ_{DRA1} 变得越来越小,越来越远离 σ_p 值;二是 DRA 曲线在 DRA 折点处越来越平滑,以致无法判断。

(3) 和基本单元相似,如果加载保持时间足够长,蠕变变形充分完成,达到"饱和应变"状态时,DRA 折点对应的应力 σ_{DRA1} 完全等于初始加载应力峰值 σ_p,且随着放置时间的增长而保持不变,即:此时一方面 DRA 法达到完全的准确度;另一方面失忆性将消失,DME 为永久记忆。

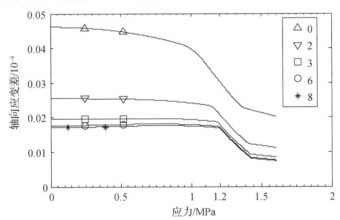

图 8-6　不同加载保持时间下模型 DRA 曲线图

(黏聚力服从均匀分布,右上角数值:加载保持时间/初始加载时间,
$\eta_1 s/k_1 = 10^6$,$k_3/k_1 = 1$,$\sigma_p = 1.2\ \mathrm{MPa}$,$\sigma_m = 1.6\ \mathrm{MPa}$,$T_c = 8\sigma_p/s$,$T_d = 0$)

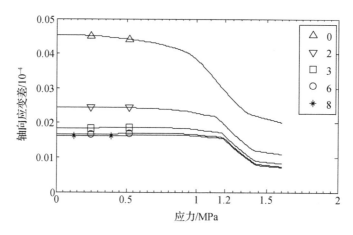

图 8-7　不同加载保持时间下模型 DRA 曲线图

（黏聚力服从正态分布，右上角数值：加载保持时间/初始加载时间，

$\eta_1 s/k_1=10^6$，$k_3/k_1=1$，$\sigma_p=1.2$ MPa，$\sigma_m=1.6$ MPa，$T_c=8\sigma_p/s$，$T_d=0$）

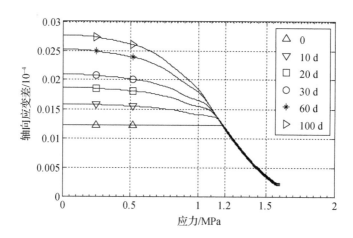

图 8-8　不同放置时间下模型 DRA 曲线图

（黏聚力服从均匀分布，右上角数值：放置时间/初始加载时间，

$\eta_1 s/k_1=5\times10^7$，$k_3/k_1=1$，$\sigma_p=1.2$ MPa，$\sigma_m=1.6$ MPa，$T_d=0$）

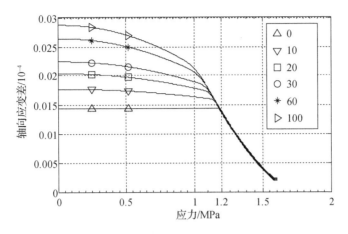

图 8-9　不同放置时间下模型 DRA 曲线图

（黏聚力服从正态分布，右上角数值：放置时间/初始加载时间，
$\eta_1 s/k_1 = 5 \times 10^7, k_3/k_1 = 1, \sigma_p = 1.2$ MPa, $\sigma_m = 1.6$ MPa, $T_d = 0$）

8.3　与物理试验的对比

8.3.1　放置时间

在实际的物理试验中，DME 的失忆性是随着放置时间的增加，DME 信息会渐渐消失的现象。很多试验证实了失忆性现象，但是同时，有些研究者在物理试验中设置不同的放置时间却无法观察到这一现象。已有的涉及岩石 DME 失忆性现象的文献在本书 4.1.1 节中已详细给出，此处不再重复。正如本书 4.1.1 节中指出，关于 DME 的失忆性现象存在以下问题：

（1）失忆性产生的机理是什么？

（2）失忆性的具体表现特征又是如何？

（3）为何已有研究中关于失忆性的出现问题并不统一？

由数值加载试验结果可知，本章理论模型不仅得到了失忆性，而且给出了失忆性的两条具体表现特征及失忆性存在或消失的条件。

由理论模型可知，失忆性的表现特征包含两个方面：一是 DRA 曲线在折点处变得光滑和模糊；二是 DRA 折点识别的记忆信息 σ_{DRA1} 远离初始加载应力峰

值 σ_p。由理论模型返回到物理试验,两个特征都得到了已有物理试验的支持。

图 8-10 为 Yamamoto[75] 的物理试验结果,图 8-10(a)为加载方式,其中初始加载应力值 $\sigma_p = 8$ MPa,τ_0 为初始加载保持时间(1 min),τ 为放置时间。图 8-10(b)为不同放置时间 τ 下的 DRA 曲线。由图 8-10(b)从左往右,放置时间分别为 10 min,1 h,25 h 和 150 h。随着放置时间的增加,DRA 曲线在折点处变得越来越光滑(弯曲角度变大);同时折点对应的应力值变得越来越小,越来越偏离初始加载应力峰值 σ_p。

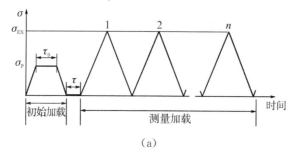

(a)

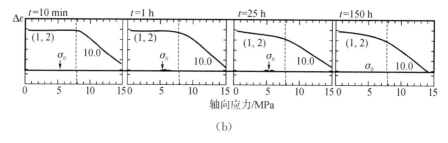

(b)

图 8-10 Yamamoto[75] 的物理试验结果

一些研究者[50]对花岗岩进行了压载试验,之后选择四种放置时间进行记忆效应研究,分别为 1 h、1 d、1 周和 1 个月。最后得出结论:随着放置时间的增加,记忆信息的测量精度降低;当放置时间为 1 个月时,DRA 法精度下降约 12%。一些研究者[23]通过对 Inada 花岗岩、Shirahama 砂岩、Tage 凝灰岩试样在 1 h 到 400 d 放置时间下的 DME 进行研究,得出结论:当放置时间很短时,DRA 曲线在记忆信息处有明显折点;当放置时间增加时,DRA 曲线折点变得不清晰。此两点结论与本章理论模型结果一致。

关于失忆性的存在性不统一的问题也由理论模型得到了解答:失忆性现象并非总是存在,与加载条件有关。理论模型给出了失忆性消失和存在的条件:当初始加载保持时间足够长或初始加载次数足够多以至于产生"饱和应变"状态时,失忆性现象将消失。后续小节将结合初始加载保持时间、初始加载重复次数及地应力记忆效应和人工记忆效应对失忆性现象进行详细的讨论。

8.3.2　加载保持时间

在已有研究中,很多研究者建议采取延长加载保持时间的方式以保证形成较为成功的岩石变形记忆信息。如 Yamshchikov 等[15]认为,岩石 DME 表现的清晰度和加载在岩石试样上的保持时间成正比;很多研究者[13,51,82]在形成岩石记忆信息时,采用 1 h 甚至是 3 h 的初始加载保持时间。绪论 1.3.4 节中针对初始加载保持时间给出了详细的综述。

以上研究者建议或采用延长加载保持时间这种手段时,却并未说明由此可以形成更清晰岩石 DME 表现的原因。同时,他们认为延长加载保持时间可以保证"successful(成功的)"记忆,但是并未解释"成功"代表的具体含义。同时,保持时间多久才可以? 对此也没有给出解答。如本书 4.1.2 节中所述,以上可以归结为三个问题:

(1) 为何初始加载保持时间会对岩石 DME 有影响?

(2) 初始加载保持时间对于 DME 的影响,都有哪些具体表现特征?

(3) 初始加载保持时间多久为合适?

将本章理论模型与第三章的物理试验进行对比分析,这三个问题都得到了解答。

如图 8-11 所示,理论模型和物理试验的记忆信息形成精度变化规律保持一致:开始时增幅很大,之后增加速率减缓,最终增加到 100%,即 DRA 曲线准确记忆预加载峰值大小。整个过程中理论模型值最大增加了 11.17%。

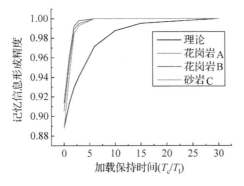

图 8-11　保持加载下理论模型的记忆信息形成精度规律

如图 8-12 所示,物理试验和理论模型表现出相同的规律:应变差幅值在加载保持时间增加前期时减小幅度较大,到后期其减小幅度明显变小,直至最后应变差幅值达到饱和,即加载保持时间的增加几乎不会导致应变差幅值发生变化。

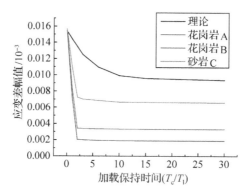

图 8-12　保持加载下理论模型的应变差幅值规律

可以看出,初始加载保持时间对 DME 的影响有两个特征:一是初始加载保持时间越长,σ_{DRA1} 越接近于 σ_p,即 DRA 法测量记忆信息的精度越高;二是 DRA 曲线中的应变差幅值随加载保持时间的增加而逐渐减小。

8.4　一维理论模型的讨论

8.4.1　最佳加载保持时间

对于加载保持时间的长短,由本书 8.3.2 节的结果可知,当试样达到"饱和应变"状态,即试样变形不再随加载保持时间的增加而增加时,DRA 法测量记忆信息的精度为最高,且将会形成永久记忆——失忆性消失。这是引起失忆性消失的一种条件。同时,根据一些研究者[76,80]的结论,当初始加载保持时间低于某一阈值时,随着初始加载保持时间的减少,DME 的测量值将会越来越小。此结论与理论模型的结果一致。由理论模型结果可知,所谓"某一阈值[76,80]"实际上为达到"饱和应变"所需的时间。

因此本书提出一个新的最佳加载保持时间的判别方法,即当 DRA 曲线中应变差幅值不发生改变时,此时的加载保持时间为最佳加载保持时间。有研究者提出"饱和应变"的概念,并以此为最佳加载保持时间的判别方法,即当加载保持时间增大到一定程度时,应变不再发生改变或其变化在一定误差范围内,认为其达到饱和状态,此时的加载保持时间为最佳加载保持时间。该方法在应变测量完全准确时可以作为最佳加载保持时间的判别方法,但试验过程中不可能每一次应变都能被准确地测量,经常会出现应变片飘动的情况。特别是分析硬岩时,其应变本身较小,完全卸载后的应变跳动很大,容易覆盖其自身应变,因此当应变片飘动使得应变测量的误差大于饱和应变允许的误差时,就无法判定此加载时间是否为最佳加载保持时间。而应变差幅值正好避开由应变导致的偶然误差,对两次试验的应变做差得出 DRA 曲线,取其最大应变差和最小应变差之差作为判定标准,当其大小不再改变或变化在给定误差范围内时,此时的加载保持时间为最佳。应变差幅值能够直接从 DRA 曲线中读取,因此该方法较"饱和应变"法更为方便和快捷。此结论有部分物理试验与理论模型一致。

8.4.2　理论模型的失忆性

"Spr3 ‖ Maxwell"体的蠕变变形过程中的应力积累和转移是造成初始加载保持时间及失忆性现象消失的原因。

在放置时间 T_d 内,外界应力条件为 0,"Spr3 ‖ Maxwell"体被圣维南体锁住。此过程中,Maxwell 体中的弹性元件将通过黏性元件释放弹性势能,造成应力松弛现象。放置时间内 Maxwell 体的应力损失是失忆性产生的原因。在多接触滑动面的理论模型中,失忆性表现为:DRA 曲线在 DRA 折点处变得越来越光滑,同时 DRA 折点对应的应力值越来越小,且越远离初始加载应力峰值。

在加载保持阶段内,初始加载保持峰值应力不变(峰值应力超过黏聚力的情况下)时,"Spr3 ‖ Maxwell ‖ St. V"体会产生持续变形——蠕变变形。在蠕变变形过程中,一方面弹性元件 3 的变形增加,其应力值上升;另一方面 Maxwell 体的应力值下降,保持两者的和不变。这可以视作弹性元件 2 向弹性元件 3 的弹性势能的"转移"。当初始加载保持时间足够长时,Maxwell 体的应力值完全为零,所有的弹性势能都储存在弹性元件 3 中。此时,弹性势能的"转移"结束,理论模型的应变达到"饱和状态"——不再随着初始加载保持时间的延长而增加。Maxwell 体中的弹性元件 1 并不储存弹性势能,在 7.4.4 节中各种情况下圣维南体被锁住时的应力松弛将不存在。不存在各种应力损失，则失忆性现象消失，同时，DRA 法表现出完全的准确度，即初始加载应力峰值可由 DRA 法完全精确测出（$\sigma_{DRA1} = \sigma_p$）。

对于如何确定形成准确记忆信息的加载次数，本章提出与上文加载保持时间类似的方法，即当 DRA 曲线中应变差幅值不发生改变时，此时的预循环次数为最佳循环次数。以"饱和应变"作为最佳循环次数的判别方法，即当循环次数增大到一定程度时，应变不再发生改变或其变化在一定误差范围内，认为其达到饱和状态，并且此时的循环次数为最佳循环次数。该方法在应变测量完全准确时可以作为最佳循环次数的判别方法，但试验过程中不可能每一次应变都被准确测量，经常会出现应变片飘动的情况，特别是分析硬岩时，其应变本身较小，完全卸载后的应变跳动很大，容易覆盖其自身应变，因此当应变片飘动使得应变测量的误差大于饱和应变允许的误差时，就无法判定此次数是否为最佳循环次数。而应变差幅值正好避开由应变导致的偶然误差，对两次试验的应变作差得出 DRA 曲线，取其最大应变差和最小应变差之差作为判定标准，当其大小不再改变或变化在给定误差范围内时，此时的循环加载次数为最佳。应变差幅值能够直接从 DRA 曲线中读取，因此该方法较"饱和应变"法更为方便和快捷。此结论部分物理试验与理论模型一致。

8.5 本章小结

在物理实验及已有研究结论的基础上，本章采用放置加载和保持加载方式对理论模型的力学响应及变形记忆效应进行了全面的分析，结果表明：

（1）放置时间与失忆性：当产生人工记忆效应的时候，随着放置时间的增加，失忆性将发生。同时失忆性有两个特征：一是 DRA 曲线在 DRA 折点处变得越来越光滑；二是 DRA 折点对应的应力值会越来越小。

（2）初始加载保持时间：初始加载保持时间越长，DRA 法测量记忆信息的能力越强，体现在两方面：一方面是 DRA 折点越接近记忆信息，记忆信息形成精度逐渐增大；另一方面是 DRA 曲线折点处弯曲越明显，更容易辨识 DRA 折点。值得注意的是，随着加载保持时间的增加，DRA 曲线中的应变差幅值逐渐减小直至不变。

（3）失忆性的消失：如果加载保持时间足够长，蠕变变形充分完成，即达到"饱和应变"状态，DRA 法将能完全精确地测量出初始加载应力峰值（或地应力值），且不存在失忆性。

（4）人工记忆效应与地应力记忆效应：当蠕变变形没有充分完成时（或没有达到"饱和应变"状态时），人工记忆效应属于短期记忆效应，存在失忆性。地应力记忆效应在长期的荷载作用下形成，一般属于长期记忆效应，不存在失忆性。由理论模型结果可知，人工记忆效应与地应力记忆效应的区别在于加载作用时间的长短不同，其机理都可由接触面黏弹性摩擦滑动解释。

（5）最佳加载保持时间：T_c 并非越长越好，存在作用上限，即当应变差的幅值不再随 T_c 变化时，此时 T_c 为最佳加载保持时间。此判断方法的提出，为岩石 DME 试验中的最佳 T_c 的确定提供了依据。

第 9 章

复杂应力路径下岩石 DME 一维力学模型响应

循环加载路径下岩石 DME 一维力学模型响应

9.1.1　一维基本单元模型的力学响应

如图 9-1 所示,加载方式中含有多次重复初始加载,重复次数为 m。

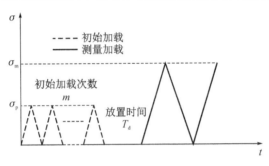

图 9-1　加载方式示意图

此加载方式主要研究初始加载重复次数对 DME 及失忆性的影响。加载路径为:

$$\sigma = \begin{cases} st & (0 \leqslant t \leqslant t_1) \\ -s(t-t_2) & (t_1 < t \leqslant t_2) \\ \quad \cdots \\ s(t-t_i) & \\ -s(t-t_{i+2}) & \\ \quad \cdots & (i=2,4,\cdots,2m) \\ 0 & (t_{m+1} < t \leqslant t_{m+2}; t_{m+2}=t_{m+1}+T_d) \\ s(t-t_{m+2}) & (t_{m+2} < t \leqslant t_{m+3}) \\ -s(t-t_{m+4}) & (t_{m+3} < t \leqslant t_{m+4}) \\ s(t-t_{m+4}) & (t_{m+4} < t \leqslant t_{m+5}) \end{cases}$$

$$(9-1)$$

和基本加载相比,此加载方式多出了参数 T_d 和 m。该加载方式中的参数无量纲组合为:

$$\begin{cases} \pi_1 = \eta_1 s / k_1 co_1 \\ \pi_2 = k_3 / k_1 \\ \pi_3 = \sigma_p / co_1 \\ \pi_4 = \sigma_m / co_1 \\ \pi_6 = T_d s / co_1 \\ \pi_7 = m \end{cases} \tag{9-2}$$

可知,在基本加载方式的基础上,增加了两个物理量,即 T_d 和 m,分别对应 π_6 和 π_7。在基本加载方式赋值的基础上,对两个无量纲组合进行赋值:

π_6:0,5,10

π_7:1,5,10,15,20,25

与第 7,8 章结果相同,DRA 曲线最多可有两个折点,同样记为 σ_{DRA1},σ_{DRA2}。对应的无量纲参数为:

$$\begin{cases} \pi_{01} = \dfrac{\sigma_{DRA1}}{co_1} = f_1^3(\pi_1,\pi_2,\pi_3,\pi_4,\pi_6,\pi_7) \\ \pi_{02} = \dfrac{\sigma_{DRA2}}{co_1} = f_2^3(\pi_1,\pi_2,\pi_3,\pi_4,\pi_6,\pi_7) \end{cases} \tag{9-3}$$

本加载方式中的 DRA 曲线的形状、DRA 折点和基本单元的参数关系的规律与加载方式一相同,此处不再重复。与重复初始加载次数 m 及放置时间 T_d 相关的结果如下:

(1)重复加载过程中,将发生变化应力下的蠕变变形。如果蠕变变形没有充分完成,即每次重复加载后都存在残余应变,那么在相同的放置时间 T_d(π_6)下,DRA 折点的准确度会随重复初始加载次数 m(π_7)的增加而提高,如图 9-2 所示。在相同重复初始加载次数 m(π_7)下,随着放置时间 T_d(π_6)的增加,第一个折点 σ_{DRA1} 会越来越小并且越远离 σ_p,即发生失忆性,如图 9-2 所示。

(2)和第一个折点相反,第二个折点随着放置时间 T_d(π_6)的增加,会越来越大并且越接近于 σ_m,如图 9-3 所示。

(3)重复加载过程中,如果变应力下蠕变变形充分完成,即随着重复初始加载次数的增加,每次初始加载不存在残余应变,即达到"饱和应变"状态,那么,σ_{DRA1} 完全等于 σ_p($\pi_{01}=\pi_3$)。并且随着放置时间 T_d(π_7)的增加,并不发生失忆性,即重复初始加载次数足够多,将产生永久记忆效应。同时,重复初始加载次数 m 的增加也不影响其精度。如图 9-2 所示,当加载次数 $\pi_7=20,25$ 时,

$\pi_{01}(\sigma_{DRA}/co_1)$ 的值完全等于 π_3（图中为 1.6），随着放置时间 $T_d(\pi_6)$ 的增加，π_{01} 并没有任何变化。同时，由图 9-2 也可看出，在放置时间 $T_d(\pi_6)$ 一定的情况下，π_{01} 不随加载次数 π_7 的变化而变化。第二个折点 π_{02} 与 π_{01} 规律一致。

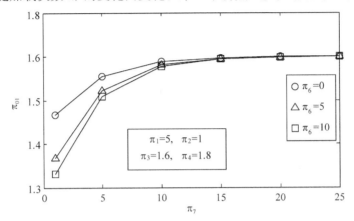

图 9-2　折点 1(π_{01}) 与放置时间(π_6) 和加载次数(π_7) 的关系

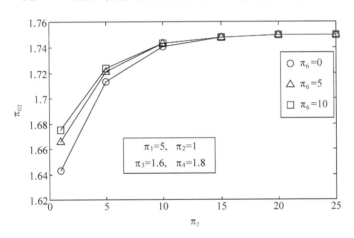

图 9-3　折点 2(π_{02}) 与放置时间(π_6) 和加载次数(π_7) 的关系

由以上结果可知，基本单元可以解释初始加载次数越多，记忆效应越好，表现在 DRA 法中为精确度越高，即 σ_{DRA} 越接近于 σ_p。当加载次数足够多至每次初始加载没有参与变形时，即达到"饱和应变"状态，DRA 法测出的 σ_{DRA} 完全等于 σ_p，且不存在失忆性。

9.1.2　一维多微结构面单元模型的力学响应

加载方式如图 9-1 所示，主要用来研究初始加载重复次数对 DME 及失忆性的影响。初始加载次数仍记为 m。典型的应力-应变曲线如图 9 - 4 和图 9 - 5 所示。

与第 7、8 章结果一致,因此,基本结果将不再重复,以下重点给出与多次循环加载相关的结果:

(1) 在多次重复初始加载中,将发生残余应变。如果一直有残余应变存在,即模型未达到"饱和应变"状态,在相同的放置时间下,DRA 法的精度与重复初始加载次数 m 成正比。主要表现在两个方面:一方面 σ_{DRA1} 值越来越大且越来越接近于 σ_p;另一方面 DRA 曲线在折点处的弯曲更明显,更容易辨识。图 9 - 6 和图 9 - 7 为不同循环加载次数下的 DRA 曲线。

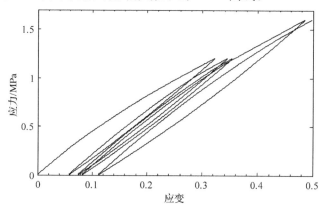

图 9 - 4 理论模型典型应力-应变曲线

(黏聚力服从均匀分布,$\eta_1 s/k_1 = 10^6$,$k_3/k_1 = 1$,$\sigma_p = 1.2$ MPa,$\sigma_m = 1.6$ MPa,$m = 3$,$T_d = 0$)

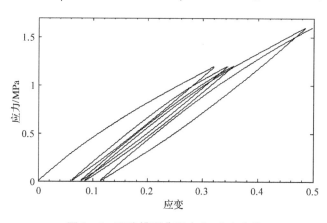

图 9 - 5 理论模型典型应力-应变曲线

(黏聚力服从正态分布,$\eta_1 s/k_1 = 10^6$,$k_3/k_1 = 1$,$\sigma_p = 1.2$ MPa,$\sigma_m = 1.6$ MPa,$m = 3$,$T_d = 0$)

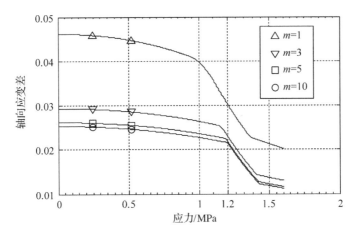

图 9 - 6　不同循环加载次数下模型 DRA 曲线图

（黏聚力服从均匀分布，右上角数值：重复初始加载次数，

$\eta_1 s/k_1 = 10^6, k_3/k_1 = 1, \sigma_p = 1.2$ MPa, $\sigma_m = 1.6$ MPa, $m = 3, T_d = 0$）

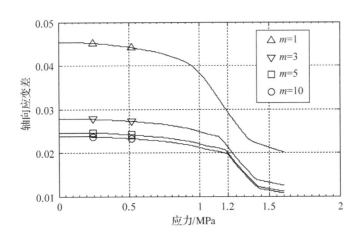

图 9 - 7　不同循环加载次数下模型 DRA 曲线图

（黏聚力服从正态分布，右上角数值：重复初始加载次数，

$\eta_1 s/k_1 = 10^6, k_3/k_1 = 1, \sigma_p = 1.2$ MPa, $\sigma_m = 1.6$ MPa, $m = 3, T_d = 0$）

（2）在多次重复初始加载中，如果达到初始加载的卸载完成时不存在残余应变，即达到"饱和应变"状态时，DRA 法将达到完全的准确度，即 σ_{DRA1} 值会完全等于 σ_p；同时，DRA 法的精度不随放置时间而改变，即失忆性消失。

9.2 变应力峰值路径下岩石 DME 一维力学模型响应

加载方式如图 5-8(a)和图 5-8(b)所示,主要用来研究变应力峰值对 DME 的影响。

理论模型计算采用的加载方式和试验保持一致(应力路径 1 和应力路径 2)。数值模拟计算方案也和试验方案保持一致。计算所得的应力-应变曲线如图 9-8 所示,DRA 曲线如图 9-9 所示。

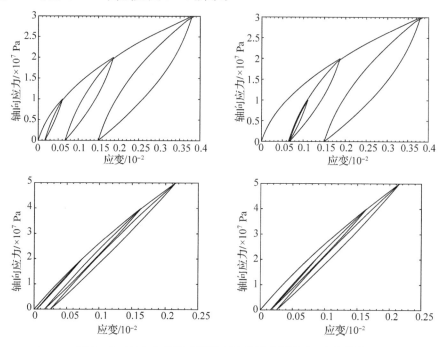

图 9-8 变应力峰值路径下理论模型典型应力-应变曲线

(黏聚力服从均匀分布,$\eta_1 s/k_1 = 10^6$,$k_3/k_1 = 1$,$\sigma_{m1} = 30$ MPa,$\sigma_{m2} = 50$ MPa,$T_d = 0$)

由图 9-9 可以看出,应力路径 1 和应力路径 2 的 DRA 曲线折点均出现在其历史最大应力峰值 20 MPa 处,没有出现在 10 MPa 的情况,即岩石 DME 不随应力路径的改变而改变,而与路径中历史最大应力峰值保持一致。这一规律与物理试验简单应力路径保持一致,与复杂应力路径的规律同样一致。

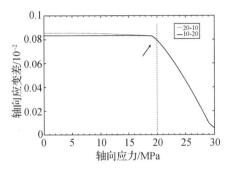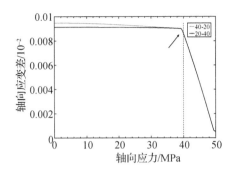

图 9 - 9　变应力峰值路径下理论模型典型 DRA 曲线

（黏聚力服从均匀分布，$\eta_1 s/k_1 = 10^6$，$k_3/k_1 = 1$，$\sigma_{m1} = 30$ MPa，$\sigma_{m2} = 50$ MPa，$T_d = 0$）

9.3　与物理试验的对比

一些研究者推荐多次重复初始加载，使试件达到"饱和应变"状态，可以形成更成功的岩石变形记忆信息。"饱和应变"状态是指在重复初始加载中，残余应变不再增加的应变状态。中国台湾学者詹恕齐[72]、Wu 和 Jan[73] 采用 500 次重复初始加载形成岩石变形记忆信息；韩国 Park 等[50] 采用 10 次重复初始加载以形成记忆信息。Seto 等[24] 对砂岩进行了 DME 的研究，在形成记忆信息时，同样采用多次初始加载的方式达到"饱和应变"状态，之后进行记忆信息的测量。一些研究者[27] 采用台湾木山砂岩试样分别进行"饱和应变"状态和"非饱和应变"状态下记忆效应研究，结果表明：当初始加载未达到"饱和应变"状态时，DRA 法会出现较大的误差。由以上研究可知，很多研究者认为初始加载次数对于形成记忆信息和 DRA 法的精度产生积极影响。但是没有研究者针对以下两个问题进行解答：

（1）为何多次初始加载会更有利于 DME 的形成？

（2）多次初始加载对 DRA 曲线影响的表现有哪些特征？

和研究初始加载保持时间相同，以上问题都从理论模型中得到了解答。

图 9 - 10 为记忆信息形成精度对比曲线，随着循环加载次数的增加，记忆信息形成精度开始时迅速增加，之后增加速率减小，并最终达到 100%，即准确记忆预加载峰值大小。整个过程中记忆信息形成精度最大增加了 8.45%，理论

模型的变化规律与三种岩样的物理试验结果规律保持一致,在循环加载次数为 5 次左右两者出现一定的偏差,考虑模型采用均质材料,而试验试样为不均质材料。

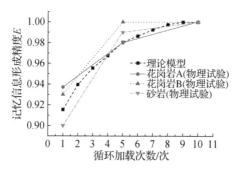

图 9 - 10　循环加载下理论模型的记忆信息形成精度规律

图 9 - 11 为应变差幅值对比曲线,随着循环加载次数的增加,应变差幅值逐渐减小,且可以看出应变差幅值在循环加载次数前期增加时变化较大,到后期其变化较小,直至最后达到饱和,即循环加载次数的增加几乎不导致应变差幅值发生变化。循环加载次数增大的过程中应变差幅值最大减小了 0.087 5,约为初始应变差幅值的 13%。由于理论模型和物理试验的加载峰值大小不同,因此只需考虑应变差幅值变化规律,理论模型和物理试验都保持一致。

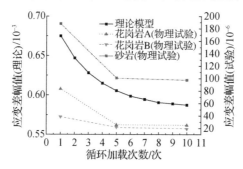

图 9 - 11　循环加载下理论模型的应变差幅值规律

初始加载重复次数对 DME 的影响有两个特征:一是初始加载重复次数越多,σ_{DRA1} 越接近于 σ_p,即 DRA 法测量记忆信息的精度越高;二是 DRA 曲线的应变差幅值逐渐减小直至不变。此结论解释了为何众多试验中需要进行多次重复初始加载以形成记忆信息。

对于众多文献中提到的"饱和应变"状态,对应理论模型中残余应变不再增加的状态。达到此状态时,DRA 法测量记忆信息的精度为最高,且将会形成永久记忆——失忆性消失。这是引起失忆性消失的另一种原因。此结论得到了 Wu 和 Jan[73] 试验的验证。Wu 和 Jan 采用 500 次重复初始加载在长枝坑砂岩试样上形成岩石记忆信息,选择三种放置时间:0 d,7 d,14 d。结果表明,14 d 之内并没有发现记忆效应的失忆现象。

9.5　本章小结

在物理实验及已有研究结论的基础上,本章采用循环加载和变应力峰值加载方式对理论模型的力学响应及变形记忆效应进行了全面的分析,结果表明:

(1) 初始循环加载次数:初始循环加载次数越多,DRA 法识别变形记忆效应的能力越好,体现在两个方面:一方面是 DRA 折点越接近记忆信息,记忆信息形成精度逐渐增大;另一方面是 DRA 曲线折点处弯曲越明显,更容易辨识 DRA 折点。值得注意的是,随着加载次数的增加,DRA 曲线中的应变差幅值逐渐减小直至不变。

(2) 变应力峰值:不同应力峰值路径下岩石的 DRA 曲线在预加载过程中遇到的最大应力峰值附近出现明显的拐点,说明无论多次预加载的顺序如何,岩石始终会记住预加载过程中遇到的最大应力峰值,这一结果在不同岩石类型和应力水平下都是一致的。

(3) 失忆性的消失:如果加载次数足够多,蠕变变形充分完成,即达到"饱和应变"状态,DRA 法将能完全精确地测量出初始加载应力峰值(或地应力值),且不存在失忆性。

(4) 最佳循环加载次数:m 并非越长越好,存在作用上限,即当应变差的幅值不再随 m 变化时,此时 m 为最佳循环加载次数。此判断方法的提出,为岩石 DME 试验中的最佳 m 的确定提供了依据。

第 10 章
轴对称记忆模型及其力学响应

　　本章在一维理论模型得到验证的基础上,更进一步,针对变形记忆效应及 DRA 法中常用的圆柱体岩石试样建立了简化的轴对称模型。相比于一维理论模型,轴对称模型考虑了接触面倾角和摩擦系数等。建立此模型的目的是:对侧向应变在变形记忆效应中的表现进行分析;对含有围压的记忆信息的读取等进行分析。

　　首先采用和一维模型相同的三种加载方案进行单轴压缩试验,结果与一维理论模型所得结果一致,得到了物理试验的验证。针对侧向 DRA 曲线的表现特征、测量精度、变化规律等进行分析,并得到物理试验中侧向 DRA 曲线的支持。

　　针对含有围压的记忆信息测量问题,本章设计两种加载方案进行分析,分别对应单轴 DRA 法和含有围压的 DRA 法。总计 132 组试验,对结果进行线性拟合,得出结论。基于结果,提出了单轴 DRA 法测量含有围压的记忆信息的新方案。

10.1　轴对称理论模型

10.1.1　多微结构面理论模型

　　在介绍基本单元之前,首先对轴对称模型的建立进行简单的介绍。如 7.3.2 节所述,岩石是含有大量随机分布的微裂纹接触面及大量颗粒接触面的材料。研究者在进行岩石 DME 研究和 DRA 法测量地应力研究时,通常采用圆柱体试样进行分析,如本书第 3 章的物理试验同样采用圆柱体试样。圆柱体试样的示意图如图 10 - 1 所示,图中椭圆盘代表微裂纹接触面及岩石内部颗粒接触面。

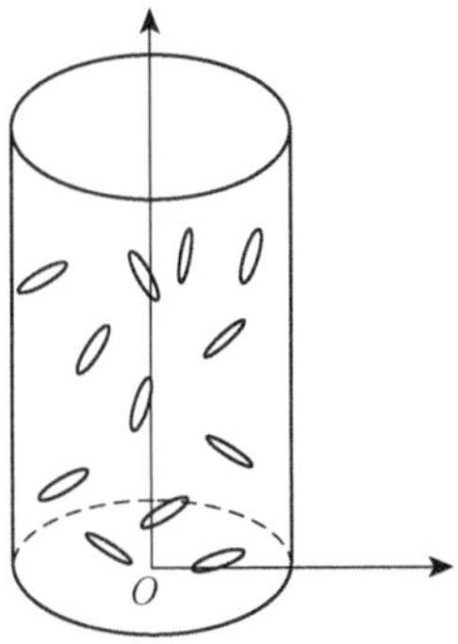

图 10 - 1　圆柱体岩石试样示意图

　　第 7 章采用极为简化的一维理论模型对 DME 的一系列现象及问题进行了回答,并得到物理试验验证。在此基础上,有必要针对第 3 章物理试验中的侧向 DRA 曲线问题及围压对 DME 的影响问题进行展开分析。为此,本章特别构建轴对称理论模型对圆柱体试样进行简化模拟。含有大量随机分布接触面的圆柱体岩石试样,其整体结构及力学性质具有轴对称的特征。本章首先采用弹性元件、黏性元件、圣维南体构建含有单对接触面单位体积岩石的基本单元。在基本单元得到分析的基础上,将基本单元进行组合,构建多接触面轴对称理论模型。基本单元如图 10-2 和图 10-3 所示。

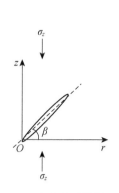

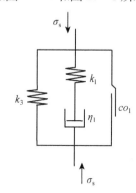

图10-2 含有单对接触面单位
体积岩石示意图

图10-3 "Spr3 ∥ Maxwell ∥ St. V"
代表接触面

图 10-2 为基本单元,表示只含有一对接触面的单位体积岩石,其中接触面的力学性质仍然采用"Spr3 ∥ Maxwell ∥ St. V"描述,如图 10-3 所示。需要指出,基本单元中的单对接触面在结构上并不是轴对称的,后文将大量基本单元进行组合构建多接触面轴对称模型。基本单元仍然由两部分构成:一部分用来模拟接触面周围的弹性基质;另一部分用来模拟微裂纹和颗粒接触面的力学行为。对于弹性基质[138]:

$$\begin{cases} \sigma_n = \sigma_z \cos^2\beta + \sigma_r \sin^2\beta \\ \sigma_s = (\sigma_z - \sigma_r)\cos\beta\sin\beta \\ \varepsilon_z^e = \dfrac{1}{E_z}(\sigma_z - \mu\sigma_r) \\ \varepsilon_r^e = \dfrac{1}{E_r}(\sigma_r - \mu\sigma_z) \end{cases} \qquad (10-1)$$

式中,σ_r,σ_z——弹性基质径向(r 方向)及轴向(z 方向)的应力分量;

ε_r^e,ε_z^e——弹性基质径向及轴向的应变分量;

σ_n——滑动面上正应力;

σ_s——滑动面上剪应力;

E_z,E_r——基质轴向及径向的弹性模量;

μ——泊松比；

β——接触面与 r 轴的夹角。

接触面上的黏弹性摩擦力学性质和一维理论模型中的"Spr3 ‖ Maxwell ‖ St. V"性质相似。和一维理论基本单元相同，对于摩擦滑动面，圣维南体控制滑动的启动和停止。弹性元件 3 代表弹性基质对摩擦滑动的限制作用；Maxwell 体代表接触面间黏弹性介质的作用。弹性元件 3、Maxwell 体、圣维南体三者并联，因此三者的应力和为接触面上承受的总应力，与一维理论模型不同，总应力为接触面的剪切应力。圣维南体控制滑动的启动和停止由圣维南体上的应力与 $|\sigma_{\mathrm{fric}}|_{\max}$ 相比较获得。如果 $|\sigma_{\mathrm{fric}}| < |\sigma_{\mathrm{fric}}|_{\max}$，滑动面将保持静止状态；如果 $|\sigma_{\mathrm{fric}}| \geqslant |\sigma_{\mathrm{fric}}|_{\max}$，滑动面将在 $|\sigma_{\mathrm{fric}}|_{\max}$ 下保持滑动。和一维理论模型不同的是，$|\sigma_{\mathrm{fric}}|_{\max}$ 是由黏聚力、接触面法向应力和摩擦角共同决定的。

"Spr3 ‖ Maxwell ‖ St. V"体在基本单元中满足的方程组如下：

$$\begin{cases} \sigma_s = \sigma_{\mathrm{fric}} + \eta_1 \dot{\varepsilon}_{\mathrm{das}} + k_3 \varepsilon^c \\ \varepsilon^c = \varepsilon_{\mathrm{das}} + \varepsilon_{\mathrm{spr1}} \\ \eta_1 \dot{\varepsilon}_{\mathrm{das}} = k_1 \varepsilon_{\mathrm{spr1}} \\ |\sigma_{\mathrm{fric}}|_{\max} = co_1 + \tan\varphi\sigma_{\mathrm{n}} \end{cases} \quad (10-2)$$

式中，σ_{fric}——圣维南体的应力；

　　$\varepsilon_{\mathrm{das}}$——黏性元件的应变；

　　$\varepsilon_{\mathrm{spr1}}$——弹性元件 1 的应变；

　　ε^c——滑动面的总应变；

　　k_1——弹性元件 1 的刚度；

　　k_3——弹性元件 3 的刚度；

　　η_1——黏性元件的黏性系数；

　　co_1——滑动面的黏聚力；

　　φ——滑动面的摩擦角。

对于整个基本单元：

$$\begin{cases} \varepsilon_r = \varepsilon_r^e + \varepsilon^c \cos\beta \\ \varepsilon_z = \varepsilon_z^e + \varepsilon^c \sin\beta \end{cases} \quad (10-3)$$

式中，ε_r，ε_z 为基本单元在径向及轴向的应变分量。结合外部加载条件，求解公式（10-1）到（10-3），可以得到基本单元的应力应变关系，进而得到 DRA 曲线。

首先讨论接触面启动滑动的条件。引入 σ_{store}（滑动面启动时弹性元件 3 和 Maxwell 体储存的应力）来研究 DRA 法起作用的应力区域。σ_{store} 与 σ_s 满足以下条件：

在单轴压缩条件下，σ_r 为 0，由式（10-1）得此时剪切应力为：

$$\sigma_s = \sigma_z \cos\beta \sin\beta \tag{10-4}$$

当接触面启动滑动时，"Spr3 ‖ Maxwell"体和 St. V 共同承担剪切应力：

$$\sigma_s = \sigma_{store} + |\sigma_{fric}|_{max} \tag{10-5}$$

考虑弹性元件 3 和 Maxwell 体储存的应力值介于 0 到黏聚力值 co_1 之间：

$$0 \leqslant \sigma_{store} \leqslant co_1 \tag{10-6}$$

将式（10-2）中 $|\sigma_{fric}|_{max} = co_1 + f\sigma_z\cos^2\beta$ 代入以上方程得到：

$$co_1/(\cos\beta\sin\beta - f\cos^2\beta) \leqslant \sigma_z \leqslant 2co_1/(\cos\beta\sin\beta - f\cos^2\beta) \tag{10-7}$$

将上式中的左右两端分别记作 σ_{zl}（l 为 low 的缩写，称为记忆应力区间下边界）、σ_{zu}（u 为 up 的缩写，称为记忆应力区间上边界）：

$$\begin{cases} \sigma_{zl} = \dfrac{co_1}{\cos\beta\sin\beta - f\cos^2\beta} \\ \sigma_{zu} = \dfrac{2co_1}{\cos\beta\sin\beta - f\cos^2\beta} \end{cases} \tag{10-8}$$

在初始加载中，如果应力峰值 σ_z 低于 σ_{zl}，接触面的相对滑动无法启动，弹性元件 3 和 Maxwell 体无变形，此时 $\sigma_{store} = 0$，基本单元处在完全弹性区域。

一维理论基本单元的记忆应力区间为黏聚力到 2 倍黏聚力之间。轴对称模型中的基本单元在考虑摩擦角与接触面倾角的情况下，记忆应力区间与一维基本单元相比得到很大扩展。由式（10-8）可知，轴对称模型中基本单元的记忆应力区间依赖于接触面的倾角和摩擦系数。如图 10-4 所示，在一定条件下，基本单元的记忆应力区间可以达到 10 到 500 倍的黏聚力。如图 10-5 所示，在摩擦系数取为 0 的极端情况下，基本单元的记忆应力区间可以达到 2 倍到 100 倍的黏聚力。同时，由图 10-4、图 10-5 可知，当倾角为 45°时，记忆应力区间上下边界与黏聚力的倍比是最小的。

为得到基本单元的力学响应及 DME，设计了三种单轴压缩方式（$\sigma_r = 0$）。和一维模型一样，每种压缩试验都包含两部分加载：第一部分为初始加载，用来形成初始记忆信息，应力峰值为 σ_p；第二部分为连续两次测量加载，为 DRA 法提供应力应变信息，应力峰值为 σ_m，加载、卸载速率为 s。

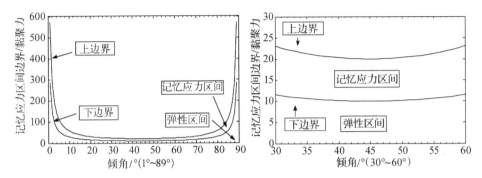

图 10 - 4　记忆应力区间与接触面倾角的关系(摩擦系数 f 取 0.8tanβ)

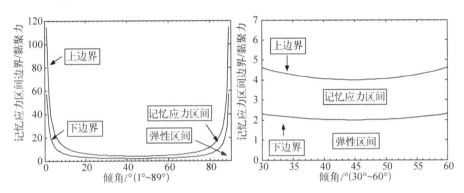

图 10 - 5　记忆应力区间与接触面倾角的关系(摩擦系数 f 取 0)

10.1.2　多微结构面理论模型

在基本单元的基础上,构建了包含 n 个基本单元的多接触滑动面理论模型,用来模拟岩体试样。多接触滑动面理论模型的应力应变符合下面公式:

$$\begin{cases} \sigma_z = \sigma_z^a \\ \varepsilon_z = \sum_{a=1}^{n} \varepsilon_z^a \end{cases} \tag{10-9}$$

式中,α——基本单元的序号;

ε_z^a——第 α 个基本单元的应变;

σ_z^a——第 α 个基本单元的轴向应力;

σ_z——理论模型的轴向应力;

ε_z——理论模型的应变。

对于理论模型中的每个单元力学特性都符合式(10-2)和式(10-3)。

对于基本特征、考虑时间因子及复杂路径下的轴对称模型力学响应,本书采用 200 个基本单元进行数值分析（$n=200$）。考虑轴对称模型，滑动面倾角属于 0 到 $\pi/2$ 上的均匀分布，每个基本单元的其他参数相同。其他参数如下：

$$co_1=1 \text{ MPa}, s_z=1\ 000, E_z=1\times10^{10}, E_r=1\times10^9,$$
$$k_1=1\times10^9, k_3=1\times10^9, \mu=0.25, \varphi=\pi/50$$

加载应力峰值：$\sigma_p=4 \text{ MPa}, \sigma_m=8 \text{ MPa}; \sigma_p=4 \text{ MPa}, \sigma_m=20 \text{ MPa}$

10.2　岩石 DME 基本特征的力学响应

10.2.1　轴对称基本单元分析

如图 7-10 所示，基本加载为三次连续加载，此加载的目的是分析基本单元的基本力学性质、是否存在 DME、参数的影响等。其应力加载路径符合下列多段函数：

$$\sigma=\begin{cases} st & (0 \leqslant t \leqslant t_1) \\ -s(t-t_2) & (t_1 \leqslant t \leqslant t_2) \\ s(t-t_2) & (t_2 \leqslant t \leqslant t_3) \\ -s(t-t_4) & (t_3 \leqslant t \leqslant t_4) \\ s(t-t_4) & (t_4 \leqslant t \leqslant t_5) \end{cases} \tag{10-10}$$

与一维理论模型相同，引入无量纲参数法对基本单元进行分析。基本加载中含有 12 个独立参数：$k_1, k_3, \eta_1, co_1, s, E_r, E_z, \beta, \varphi, \mu$ 及外部加载条件为 σ_p 和 σ_m。连续加载中的弹性基质的应变将在应变差函数（2-1）中抵消，因此弹性基质的参数 E_r, E_z, μ 并不影响 DRA 曲线的计算，在参数分析中排除此三个参数。根据 Buckingham-π 理论，将所有相关独立参数进行无量纲组合，得到：

$$\begin{cases} \pi'_1=\eta_1 s/co_1^2 \\ \pi'_2=k_1/co_1 \\ \pi'_3=k_3/co_1 \\ \pi'_4=\beta \\ \pi'_5=\varphi \\ \pi'_6=\sigma_p/co_1 \\ \pi'_7=\sigma_m/co_1 \end{cases} \tag{10-11}$$

数值分析表明：当 $(\eta_1 s/co_1{}^2)$ ：(k_1/co_1) ：(k_3/co_1) 保持不变时，无论三个无量纲组合如何取值，DRA 曲线结果都不变。因此将三个无量纲同时除以 k_1/co_1 进行二次组合，最终得到以下无量纲组合：

$$
\begin{cases}
\pi_1 = \eta_1 s/k_1 co_1 \\[4pt]
\pi_2 = k_3/k_1 \\[4pt]
\pi_3 = \beta \\[4pt]
\pi_4 = \varphi \\[4pt]
\pi_5 = \sigma_{\mathrm{p}}/co_1 \\[4pt]
\pi_6 = \sigma_{\mathrm{m}}/co_1
\end{cases}
\tag{10-12}
$$

无量纲组合取值如下：

π_1：$5,10,30,50$

π_2：$0.01,0.1,1,10,100$

π_3：$5\pi/24,\pi/4,7\pi/24,\pi/3$

π_4：$\pi/16,\pi/15,\pi/14,\pi/13$

加载方式：π_5/π_6：$4/5；4/8；4/20；8/20$

此处对无量纲组合赋值时需要注意，由于滑动接触面的倾角和摩擦角同时存在，因此会出现接触面的自锁现象，即无论外界施加应力值多高，接触面始终不启动摩擦滑动。本节主题是研究摩擦滑动是否产生 DME，为了避免滑动面的自锁，选取摩擦角 $\varphi(\pi_4)$ 小于滑动面的倾角 $\beta(\pi_3)$。

数值计算中典型的应力-应变曲线如图 10-6 所示。典型的 DRA 曲线如图 10-7、图 10-8 所示，侧向 DRA 曲线及轴向 DRA 曲线最多有两个折点，且折点对应的应力完全一致。将两个折点对应的应力值分别记作 σ_{DRA1} 和 σ_{DRA2}，并进行无量纲化处理：

$$
\begin{cases}
\pi_{01} = \dfrac{\sigma_{\mathrm{DRA1}}}{co_1} = f_1^1(\pi_1,\pi_2,\pi_3,\pi_4,\pi_5,\pi_6) \\[10pt]
\pi_{02} = \dfrac{\sigma_{\mathrm{DRA2}}}{co_1} = f_2^1(\pi_1,\pi_2,\pi_3,\pi_4,\pi_5,\pi_6)
\end{cases}
\tag{10-13}
$$

基本加载下基本单元关于 DME 的结果如下：

（1）基本单元可以形成 DME。记忆信息可由 DRA 法的轴向 DRA 曲线和侧向 DRA 曲线测量。侧向应变在 DRA 法中对 DME 信息的识别能力与轴向应变一样，即两者精度一致。

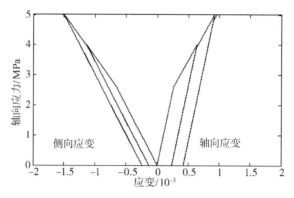

图 10 - 6　基本单元典型应力-应变曲线图

$(\pi_1=50,\pi_2=1,\pi_3=\pi/3,\pi_4=\pi/16,\pi_5=4,\pi_6=5)$

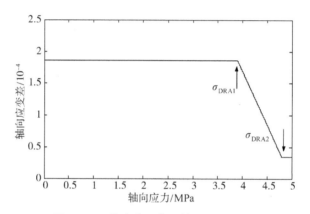

图 10 - 7　基本单元典型轴向 DRA 曲线

$(\pi_1=50,\pi_2=1,\pi_3=\pi/3,\pi_4=\pi/16,\pi_5=4,\pi_6=5)$

（2）无论是轴向 DRA 曲线还是侧向 DRA 曲线，第一个折点是对初始加载的峰值应力 σ_p 的记忆；第二个折点对应的应力 σ_{DRA2} 是对第一次测量加载的峰值应力 σ_m 的记忆。

（3）对于轴向 DRA 曲线，在第一个折点之前，DRA 曲线为水平直线；第一个折点之后，DRA 曲线向下弯曲，如图 10 - 7 所示。与轴向 DRA 曲线不同，侧向 DRA 曲线在第一个折点之前为水平直线，第一个折点后，DRA 曲线向上弯曲，如图 10 - 8 所示。

（4）基本单元中，DRA 法对记忆信息的测量能力，包含第一个折点对 σ_p 的记忆精度与第二个折点对 σ_m 的记忆精度，都依赖于参数。当其他参数保持不变，$\pi_1(\eta_1 s/co_1 k_1)$ 与 $\pi_2(k_3/k_1)$ 增大时，DRA 法对记忆信息的测量能力会越来越高，

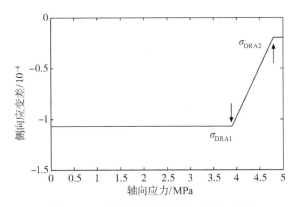

图 10 - 8　基本单元典型侧向 DRA 曲线

$(\pi_1 = 50, \pi_2 = 1, \pi_3 = \pi/3, \pi_4 = \pi/16, \pi_5 = 4, \pi_6 = 5)$

即第一个折点 $\pi_{01}(\sigma_{DRA1})$ 会越来越大,且越来越接近于初始加载应力峰值 σ_p,如图 10 - 9 所示。

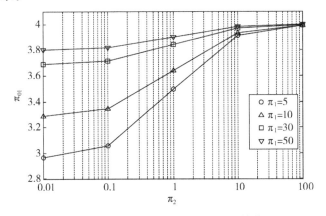

图 10 - 9　第一个折点(π_{01})和 π_1、π_2 的关系

$(\pi_1 = 50, \pi_2 = 1, \pi_3 = \pi/3, \pi_4 = \pi/16, \pi_5 = 4, \pi_6 = 5)$

(5) 第二个折点 $\pi_{02}(\sigma_{DRA2})$ 与 $\pi_1(\eta_1 s/co_1 k_1)$、$\pi_2(k_3/k_1)$ 的关系和 $\pi_{01}(\sigma_{DRA1})$ 与两者的关系相同,如图 10 - 10 所示。

(6) 当其他参数保持不变时,第一个折点的精度会随着摩擦角(π_4)的增加而提高,如图 10 - 11 所示。第一个折点的精度与滑动面倾角的关系如图 10 - 11 所示。第二个折点的精度随参数变化的规律与第一个折点相同,与摩擦角及滑动面倾角的关系如图 10 - 12 所示。

由基本加载方式的结果可知,基本单元具有产生 DME 的能力。

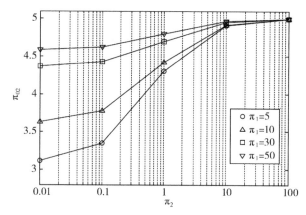

图 10 - 10　第二个折点(π_{02})和 π_1、π_2 的关系

($\pi_1 = 50$，$\pi_2 = 1$，$\pi_3 = \pi/3$，$\pi_4 = \pi/16$，$\pi_5 = 4$，$\pi_6 = 5$)

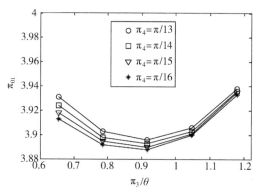

图 10 - 11　第一个折点(π_{01})和滑动面倾角(π_3)、摩擦角(π_4)的关系

($\pi_1 = 50$，$\pi_2 = 1$，$\pi_5 = 4$，$\pi_6 = 5$)

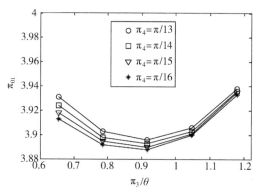

图 10 - 12　第二个折点(π_{02})和滑动面倾角(π_3)、摩擦角(π_4)的关系

($\pi_1 = 50$，$\pi_2 = 1$，$\pi_5 = 4$，$\pi_6 = 5$)

10.2.2　轴对称多微结构面单元分析

加载方式如图 7-10 所示,用于研究多接触面轴对称理论模型形成 DME 的基本能力。典型的应力-应变曲线如图 10-13 和图 10-14 所示。典型的轴向 DRA 曲线如图 10-15 和图 10-17 所示,侧向 DRA 曲线如图 10-16 和图 10-18 所示。

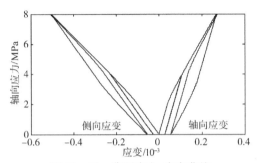

图 10-13　典型应力-应变曲线
（加载应力峰值:$\sigma_p = 4$ MPa,$\sigma_m = 8$ MPa）

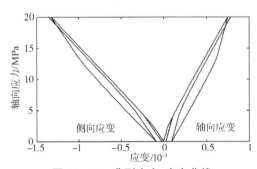

图 10-14　典型应力-应变曲线
（加载应力峰值:$\sigma_p = 4$ MPa,$\sigma_m = 20$ MPa）

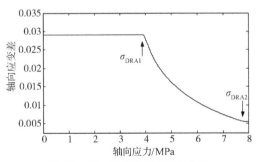

图 10-15　典型轴向 DRA 曲线
（$\sigma_p = 4$ MPa,$\sigma_m = 8$ MPa,$\eta_l = 1 \times 10^{14}$）

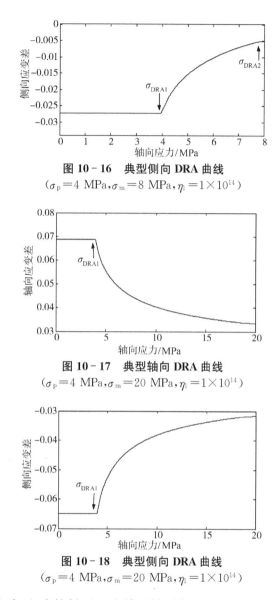

图 10 - 16　典型侧向 DRA 曲线

（$\sigma_p = 4$ MPa，$\sigma_m = 8$ MPa，$\eta_1 = 1 \times 10^{14}$）

图 10 - 17　典型轴向 DRA 曲线

（$\sigma_p = 4$ MPa，$\sigma_m = 20$ MPa，$\eta_1 = 1 \times 10^{14}$）

图 10 - 18　典型侧向 DRA 曲线

（$\sigma_p = 4$ MPa，$\sigma_m = 20$ MPa，$\eta_1 = 1 \times 10^{14}$）

基本加载方式下，多接触面理论单元结果如下：

（1）多接触面理论模型可以产生 DME。DME 可以由 DRA 法中的轴向 DRA 曲线及侧向 DRA 曲线测量。DRA 曲线最多可以出现两个折点：第一个折点是对于初始加载峰值 σ_p 的记忆，对应的应力值记为 σ_{DRA1}；第二个折点是对于第一次测量加载峰值 σ_m 的记忆，对应的应力值记为 σ_{DRA2}。但是，需要指出的是，第二个折点的存在性很难从视觉上辨识。如图 10 - 15 和图 10 - 16 所示，第二个折点非常接近曲线的尾部,此种情况下很难称得上是"折点"。当 σ_m 很高时,第二个折点将会消失,如图 10-17 和图 10-18 所示。

(2) DRA 折点在轴向、侧向 DRA 曲线的位置相同,且随参数的变化规律相同。这说明轴向、侧向 DRA 曲线的测量精度相同,特性相同。

(3) 如图 10-15 和图 10-17 所示,对于轴向 DRA 曲线,第一个折点之前,为水平直线,折点后向下弯曲;侧向 DRA 曲线与轴向 DRA 曲线相反:第一个折点之前,为水平直线,折点后向上弯曲。轴向 DRA 曲线与侧向 DRA 曲线中 DRA 折点的变化规律一致。

(4) 理论模型中,DRA 法测量初始加载应力峰值 σ_p 的精度依赖于模型参数。当其他参数相同时,第一个折点对应的应力值 σ_{DRA1} 与参数比值 $\eta_1 : k_1 : k_3$ 的关系与基本单元中的 π_{01} 与参数比值 $(\eta_1 s/co_1^2) : (k_1/co_1) : (k_3/co_1)$ 的关系相同。

(5) DRA 法测量记忆信息的准确度与接触面的摩擦角成正比,如图 10-19 所示。

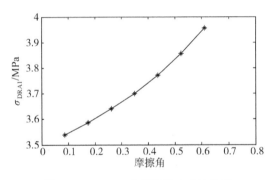

图 10-19　σ_{DRA1} 与摩擦角(φ)的关系
($\sigma_p = 4$ MPa, $\sigma_m = 8$ MPa, $\eta_1 = 1 \times 10^{13}$)

10.2.3　讨论

轴对称理论模型无论是基本单元还是多接触面模型都具有形成 DME 的能力;轴向 DRA 曲线在 DRA 折点之后出现向下弯曲现象;轴向 DRA 曲线最多可能出现两个折点:第一个折点是对初始加载应力峰值的记忆,第二个折点是对第一次测量加载应力峰值的记忆。但是和一维理论模型不同的地方在于,在多接触面理论模型中,第二个折点更难以被观察到。

同时,比一维理论模型更进一步,轴对称模型给出了关于侧向应变与接触面摩擦角及接触面倾角的结论：

（1）由理论模型可知，侧向应变同样可以应用于 DRA 曲线。侧向 DRA 曲线和轴向 DRA 曲线测量记忆信息的精度完全相同，随放置时间、初始加载保持时间、初始加载重复次数改变的变化规律也相同。但是，侧向 DRA 曲线的形状与轴向 DRA 曲线完全相反：侧向 DRA 曲线在 DRA 折点处向上弯曲，如图 10-8、图 10-16 和图 10-18 所示。理论模型结果得到了物理试验的验证，侧向 DRA 曲线的应用，将为 DRA 法提供另一条判断依据，对于提高 DRA 法的精度具有重要意义。

（2）一维理论单元中，DME 的产生区域为单元黏聚力到 2 倍黏聚力之间，一维多接触面模型 DME 的产生区域为最小黏聚力到 2 倍最大黏聚力之间。不同的是，轴对称模型考虑了接触面倾角和摩擦角的影响，基本单元产生 DME 的应力区间得到极大扩展，可达到几百倍黏聚力范围，如式（10-8），图 10-4、图 10-5 所示。

（3）对于轴对称理论模型，当其他参数保持不变时，DRA 法测量记忆信息的能力随着摩擦角的增加而提高；同时随着倾角角度的增加，DRA 法测量记忆信息的能力先减小后增加。

（4）岩石类型：DRA 法测量记忆信息的准确度和岩石类型（不用参数组合）有关。

在 DRA 法提出时，Yamamoto 等[16]采用的是轴向应变给出定义，并进行了 DRA 法的首次使用。此后，研究者极少应用侧向 DRA 曲线，其形状系统描述及论证更是少见。从理论上讲，侧向 DRA 曲线同样可以应用于记忆信息的测量。本章轴对称模型从理论上得出了侧向 DRA 曲线的结论：

① 侧向 DRA 曲线在记忆信息处出现向上弯曲，形状上与轴向 DRA 曲线相反；

② 侧向 DRA 曲线与轴向 DRA 曲线具有相同的准确度；

③ 在失忆性现象（放置时间）、初始加载保持时间、初始加载重复次数的影响下，与轴向 DRA 曲线变化规律一致。

以上三个结论得到了第 3 章火山沉积岩、Fuji Rock 材料物理试验结果的支持，如图 3-15、图 3-21 所示。DRA 法其中的一个核心问题是如何提高其准确度。如前文所述，轴向 DRA 曲线的 DRA 折点判断存在诸多问题，如干扰折点多或 DRA 折点不清晰等，这些问题在 DRA 法实际应用中严重制约其精确度。侧向 DRA 曲线的特征得到本章物理试验及理论模型的同时证明,为 DRA 法提供了另一条判断记忆信息的途径。两者同时使用,相互验证,这对于提高 DRA 法在实际应用中的准确性及 DRA 法的推广有着重要意义。

同时,关于侧向 DRA 曲线的结论,本书建议试样尽量增加其直径,以提高侧向应变的幅值,利于排除侧向应变的干扰因素。

10.3　考虑时间因子的岩石 DME 理论模型力学响应

10.3.1　基本单元分析

考虑了初始加载保持时间及初始加卸载后放置时间对 DME 的影响,如图 8-1 所示,加载方式考虑了初始加载保持时间 T_c 及放置时间 T_d 对模型 DME 的影响。和加载方式一相比,增加了两个无量纲组合 $\pi_7 = T_c s/co_1$ 和 $\pi_8 = T_d s/co_1$。加载函数如下:

$$\sigma = \begin{cases} st & (0 \leqslant t \leqslant t_1) \\ st_1 = \sigma_p & (t_1 < t \leqslant t_2 ; t_2 = t_1 + T_c) \\ -s(t - t_3) & (t_2 < t \leqslant t_3) \\ 0 & (t_3 < t \leqslant t_4 ; t_4 = t_3 + T_d) \\ s(t - t_4) & (t_4 < t \leqslant t_5) \\ -s(t - t_6) & (t_5 < t \leqslant t_6) \\ s(t - t_6) & (t_6 < t \leqslant t_7) \end{cases} \quad (10-14)$$

此加载方式中完整的参数无量纲组合为:

$$\begin{cases} \pi_1 = \eta_1 s/k_1 co_1 \\ \pi_2 = k_3/k_1 \\ \pi_3 = \beta \\ \pi_4 = \varphi \\ \pi_5 = \sigma_p/co_1 \\ \pi_6 = \sigma_m/co_1 \\ \pi_7 = T_c s/co_1 \\ \pi_8 = T_d s/co_1 \end{cases} \quad (10-15)$$

在基本加载方式的无量纲组合取值的基础上,对 π_7,π_8 取值如下:

π_7:1,4,7,10

π_8:1,10,20,30,40,50,60,70

此加载方式中,DRA 曲线最多可能出现两个折点。将两个折点对应的应力值 σ_{DRA1} 和 σ_{DRA2} 进行无量纲化处理:

$$
\begin{cases}
\pi_{01} = \dfrac{\sigma_{DRA1}}{co_1} = f_1^2(\pi_1,\pi_2,\pi_3,\pi_4,\pi_5,\pi_6,\pi_7,\pi_8) \\[3mm]
\pi_{02} = \dfrac{\sigma_{DRA2}}{co_1} = f_2^2(\pi_1,\pi_2,\pi_3,\pi_4,\pi_5,\pi_6,\pi_7,\pi_8)
\end{cases}
\tag{10-16}
$$

此加载方式中,轴向、侧向 DRA 曲线的形状,其测量记忆效应的精度,两个折点与参数的关系等都和基本加载试验相同,此处不再重复。以下重点讨论与加载保持时间 T_c 及放置时间 T_d 相关的结果:

(1) 在加载保持时间 T_c 增加的过程中,加载应力保持不变,但是基本单元持续产生蠕变变形。在蠕变变形没有完成——模型未达到"饱和应变"状态的情况下,在相同的初始加载保持时间 T_c(π_7)下,σ_{DRA1}(π_{01})会随着放置时间 T_d(π_8)的增加而越来越小,且越来越远离 σ_p(π_5)值。即:DRA 法测量 σ_p 的能力将随着放置时间 T_d(π_8)的增加而降低——随着放置时间的增加,将发生失忆性。第一个折点与 T_d 的关系如图 10-20 所示。

(2) 与第一个折点不同的是,对于第一次测量加载 σ_m 的记忆,第二个折点对应应力值 σ_{DRA2}(π_{02})会随着放置时间 T_d(π_8)的增加而接近 σ_m(π_6)值,且变得越来越大。σ_{DRA2}(π_{02})随 T_c(π_7)、T_d(π_8)变化的规律如图 10-21 所示。

(3) 在时间 T_c(π_7)内,蠕变没有结束的情况下,当放置时间 T_d(π_8)不变时,σ_{DRA1}(π_{01})会随着蠕变加载时间 T_c(π_7)的增加而接近 σ_p 值,且变得越来越大。即:初始加载保持时间 T_c(π_7)越长,DRA 法测量 σ_p 的精度越高,如图 10-20 所示。与 π_{01} 相同,初始加载保持时间越长,σ_{DRA2}(π_{02})越接近 σ_m(π_6)。

(4) 如果加载保持时间(T_c)足够长,基本单元不再随着保持时间的延长而变化,即模型达到"饱和应变"状态,π_{01} 完全等于 π_5(即 $\sigma_{DRA1}=\sigma_p$),且随着放置时间(T_d)的增加,π_{01}(σ_{DRA1})并没有变化——失忆性消失,模型将产生永久记忆。如图 10-20 所示,当 $\pi_7=1,4,7,10$ 时,随着放置时间 T_d(π_8)的增加,σ_{DRA1} 恒等于 σ_p 值($\pi_{01}=\pi_5$)。相似的,σ_{DRA2}(π_{02})随着放置时间 T_d(π_8)的增加,恒等于一个小于 σ_m 的定值,如图 10-21 所示,$\pi_7=10$。

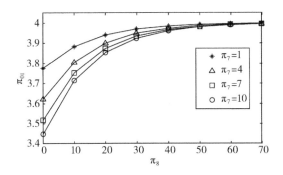

图 10 - 20　折点一(π_{01})与加载保持时间(π_7)、放置时间(π_8)的关系

($\pi_1 = 30, \pi_2 = 1, \pi_3 = \pi/4, \pi_4 = \pi/14, \pi_5 = 4, \pi_6 = 5$)

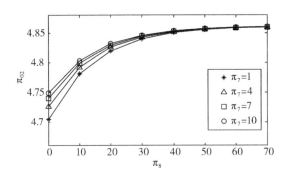

图 10 - 21　折点二(π_{02})与加载保持时间(π_7)、放置时间(π_8)的关系

($\pi_1 = 30, \pi_2 = 1, \pi_3 = \pi/4, \pi_4 = \pi/14, \pi_5 = 4, \pi_6 = 5$)

10.3.2　多微结构面单元分析

加载方式如图 8 - 1 所示,专门用来研究初始加载保持时间 T_c 和放置时间 T_d 对多接触面理论模型 DME 的影响。典型的轴向 DRA 曲线如图 10 - 22、10 - 24 所示,侧向 DRA 曲线如图 10 - 23、图 10 - 25 所示。

此加载方式的基本结果和基本加载方式的结果一样,如轴向 DRA 曲线及侧向 DRA 曲线的形状、最多可能出现两个折点、DRA 法的精度与摩擦角的关系等结论。两个折点对应的应力同样记作 σ_{DRA1} 和 σ_{DRA2}。除此之外,和初始加载保持时间 T_c 及放置时间 T_d 相关的结果如下:

(1)在初始加载保持时间 T_c 内,理论模型将发生持续的蠕变变形。如果蠕变变形没有充分完成,在其他参数不变的情况下,随着初始加载保持时间 T_c 的增加,σ_{DRA1} 会越来越大,并且越来越接近于 σ_p,如图 10 - 22 和图 10 - 23 中 DRA

曲线所示。

（2）如果在初始加载保持时间 T_c 内，蠕变变形没有完成，即没有达到"饱和应变"状态，σ_{DRA1} 的值将随着放置时间的增加，变得越来越小，并且越来越远离 σ_p 值，如图 10-24 和图 10-25 所示。此种情况下，随着放置时间的增加，失忆性将产生。这意味着 DRA 法测量变形记忆信息的能力下降。

（3）和基本单元相似，如果初始加载保持时间足够长，蠕变变形充分完成，理论模型达到"饱和应变"状态，DRA 曲线第一个折点对应的应力 σ_{DRA1} 完全等于初始加载应力峰值 σ_p，且随着放置时间的增加而保持不变。此种情况下，失忆性将消失，理论模型将产生永久且精确的记忆效应。如图 10-22 和图 10-23 所示，当加载保持时间/初始加载时间为 12 时，$\sigma_{DRA1}=4$ MPa。

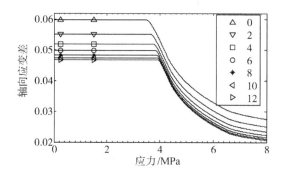

图 10-22　轴向 DRA 曲线随初始加载保持时间增加的变化

（右上角为 $T_c s/\sigma_p$，$\eta_l=1\times10^{13}$，$\sigma_p=4$ MPa，$\sigma_m=8$ MPa）

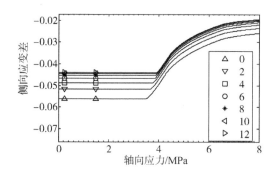

图 10-23　侧向 DRA 曲线随初始加载保持时间增加的变化

（右下角为 $T_c s/\sigma_p$，$\eta_l=1\times10^{13}$，$\sigma_p=4$ MPa，$\sigma_m=8$ MPa）

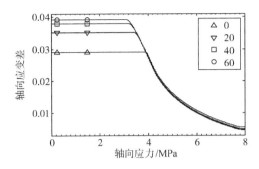

图 10 - 24　轴向 DRA 曲线随放置时间增加的变化

（右上角为 $T_\mathrm{d}s/\sigma_\mathrm{p}$，$\eta_\mathrm{l}=1\times10^{14}$，$\sigma_\mathrm{p}=4$ MPa，$\sigma_\mathrm{m}=8$ MPa）

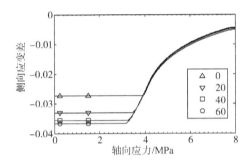

图 10 - 25　侧向 DRA 曲线随放置时间增加的变化

（右下角为 $T_\mathrm{d}s/\sigma_\mathrm{p}$，$\eta_\mathrm{l}=1\times10^{14}$，$\sigma_\mathrm{p}=4$ MPa，$\sigma_\mathrm{m}=8$ MPa）

10.3.3　讨论

单轴作用下，轴对称理论模型可以形成 DME，轴向 DRA 曲线形状特性与一维理论模型一致，轴向 DRA 曲线在记忆信息处出现向下弯曲。同时，和一维理论模型相同，轴对称模型得到了 DME 的诸多特征：

（1）失忆性：在没有达到"饱和应变"状态的情况下，随着放置时间的增加，将发生失忆性现象。失忆性的发生将降低 DRA 法测量记忆信息的准确度。

（2）初始加载保持时间：在没有达到"饱和应变"状态的情况下，随着初始加载保持时间的增加，DRA 法测量记忆信息的准确度提高；当初始加载保持时间足够长，达到"饱和应变"状态时，将产生完全准确的永久记忆。

（3）DRA 法测量人工记忆效应的精度与岩石类型有关。由 DME 的时效性回答了与长期记忆和短期记忆相关的问题，包括人工记忆效应的失忆性为何时有时无、地应力记忆效应为何为长期记忆效应等。

10.4　复杂路径下的岩石 DME 理论模型力学响应

10.4.1　基本单元分析

如图 9-1 所示,加载方式主要加入了多次重复初始加载循环,循环次数记为 m。与基本加载方式相比,相应地增加了无量纲组合 $\pi_8 = T_d s/c o_1$ 和 $\pi_9 = m$（不存在 π_7）。其加载函数符合下列多项式:

$$\sigma = \begin{cases} st & (0 \leqslant t \leqslant t_1) \\ -s(t-t_2) & (t_1 < t \leqslant t_2) \\ \quad \cdots \\ s(t-t_i) & (t_i < t \leqslant t_{i+1}) \\ -s(t-t_{i+2}) & (t_{i+1} < t \leqslant t_{i+2}) \\ \quad \cdots \\ 0 & (t_{m+1} < t \leqslant t_{m+2}; t_{m+2} = t_{m+1} + T_d) \\ s(t-t_{m+2}) & (t_{m+2} < t \leqslant t_{m+3}) \\ -s(t-t_{m+4}) & (t_{m+3} < t \leqslant t_{m+4}) \\ s(t-t_{m+4}) & (t_{m+4} < t \leqslant t_{m+5}) \end{cases} \quad (i = 2, 4, \cdots, 2m)$$

$$(10-17)$$

此加载方式的完整参数无量纲组合为:

$$\begin{cases} \pi_1 = \eta_1 s/k_1 c o_1 \\ \pi_2 = k_3/k_1 \\ \pi_3 = \beta \\ \pi_4 = \varphi \\ \pi_5 = \sigma_p/c o_1 \\ \pi_6 = \sigma_m/c o_1 \\ \pi_8 = T_d s/c o_1 \\ \pi_9 = m \end{cases} \quad (10-18)$$

在基本加载方式的基础上,无量纲组合 $\pi_8 = T_d s/c o_1$ 和 $\pi_9 = m$ 的取值为:

π_8：0,5,10

π_9：1,5,10,15,20,25,30,35,40

由数值试验可知,此加载方式中 DRA 曲线最多含有两个折点,对应的应力分别记为 σ_{DRA1} 和 σ_{DRA2},相应的无量纲组合为：

$$
\begin{cases}
\pi_{01}=\dfrac{\sigma_{\mathrm{DRA1}}}{co_1}=f_1^3\left(\pi_1,\pi_2,\pi_3,\pi_4,\pi_5,\pi_6,\pi_8,\pi_9\right)\\[2mm]
\pi_{02}=\dfrac{\sigma_{\mathrm{DRA2}}}{co_1}=f_2^3\left(\pi_1,\pi_2,\pi_3,\pi_4,\pi_5,\pi_6,\pi_8,\pi_9\right)
\end{cases}
\tag{10-19}
$$

DRA 曲线的形状、DRA 法测量地应力的精度与参数的关系等基本结果和前两种加载方式的结果一样。下面将重点放在重复初始加载次数 m 及放置时间 T_{d} 的影响上：

（1）每次重复加载卸载后都可能出现残余应变。如果最后一次卸载完成后仍有残余应变,那么在相同的放置时间 $T_{\mathrm{d}}(\pi_8)$ 下,DRA 折点的准确度会随重复初始加载次数 $m(\pi_9)$ 的增加而提高,即 $\sigma_{\mathrm{DRA1}}(\pi_{01})$ 随着 m 的增加而越来越大,且越来越接近初始加载应力峰值 $\sigma_{\mathrm{p}}(\pi_5)$,如图 10-26 所示。在相同重复初始加载次数 $m(\pi_9)$ 下,第二个折点 σ_{DRA2} 随着重复初始加载次数 m 的增加而越来越大,且越来越接近于 σ_{m},如图 10-27 所示。

（2）重复加载过程中,如果每次重复初始加载完成后都会出现残余应变,那么在相同的重复初始加载次数下,随着放置时间 $T_{\mathrm{d}}(\pi_8)$ 的增加,第一个折点 σ_{DRA1} 会越来越小并且越来越远离 σ_{p},即发生失忆性,如图 10-26 所示。和第一个折点不同,第二个折点 σ_{DRA2} 随着放置时间 $T_{\mathrm{d}}(\pi_8)$ 的增加,会越来越大并且越接近于 σ_{m},如图 10-27 所示。

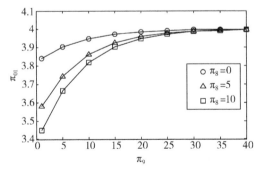

图 10-26　折点一（π_{01}）与重复初始加载次数（π_9）、放置时间（π_8）的关系

（$\pi_1=30,\pi_2=1,\pi_3=\pi/4,\pi_4=\pi/14,\pi_5=4,\pi_6=5$）

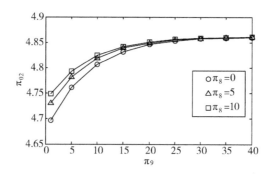

图 10-27　折点二(π_{02})与重复初始加载次数(π_9)、放置时间(π_8)的关系

($\pi_1 = 30, \pi_2 = 1, \pi_3 = \pi/4, \pi_4 = \pi/14, \pi_5 = 4, \pi_6 = 5$)

（3）重复加载过程中，如果不出现残余应变，即达到"饱和应变"状态，那么 $\sigma_{DRA1}(\pi_{01})$ 会精确等于 $\sigma_p(\pi_5)$，且随着放置时间的增加，并不发生失忆性，即重复加载次数足够多，将产生永久且完全精确的记忆效应。如图 10-26 所示，当加载次数 $\pi_9 = 35, 40$ 时，$\pi_{01}(\sigma_{DRA1})$ 的值精确等于 4（即 σ_p 的无量纲值），且不随放置时间 $T_d(\pi_8)$ 的增加有任何变化。

10.4.2　多微结构面单元分析

加载方式如图 9-1 所示，主要研究重复初始加载次数 m 对 DME 的影响。图 10-28 为典型的轴向 DRA 曲线，图 10-29 为典型的侧向 DRA 曲线。

此加载方式中的基本结果如轴向、侧向 DRA 曲线的形状，与参数的关系等与基本加载的结果完全一致，此处不再重复。与重复初始加载次数 m 相关的结果如下：

（1）在多次重复初始加载过程中，将发生变应力下的蠕变变形，即每次卸载完成后都会有残余应变。如果最后一次初始加载完成后，仍然出现残余应变，那么在相同的放置时间下，重复初始加载次数 m 越高，σ_{DRA1} 值会越大且越来越接近于 σ_p。轴向、侧向 DRA 曲线随重复初始加载次数 m 的变化情况如图 10-28、图 10-29 所示。

（2）在多次重复初始加载过程中，如果最后一次卸载结束后不再出现残余应变，即达到"饱和应变"状态时，σ_{DRA1} 值完全等于 σ_p 且将不再改变，失忆性消失。如图 10-28 和图 10-29 所示，当 $m = 10、15$ 时，DRA 折点发生在初始加载应力峰值 4 MPa 处，DRA 曲线重合。

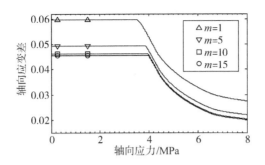

图 10‑28　轴向 DRA 曲线随重复初始加载次数(m)的变化

($\eta_1 = 1 \times 10^{13}$, $\sigma_p = 4$ MPa, $\sigma_m = 8$ MPa)

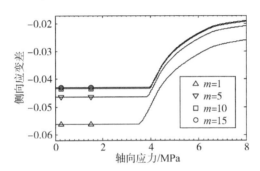

图 10‑29　侧向 DRA 曲线随重复初始加载次数(m)的变化

($\eta_1 = 1 \times 10^{13}$, $\sigma_p = 4$ MPa, $\sigma_m = 8$ MPa)

可以看出,在没有达到"饱和应变"状态的情况下,随着重复初始加载次数的增加,DRA 法测量记忆信息的准确度增加;当重复初始加载次数足够多,不再产生残余应变,即达到"饱和应变"状态时,将产生完全准确的永久记忆。

10.5　本章小结

本章在一维理论模型的基础上,构建了轴对称理论模型,并采用单轴作用下放置加载、保持加载和循环加载方式对理论模型的力学响应及变形记忆效应进行了全面的分析,结果表明:

(1) 轴对称理论模型可以形成变形记忆效应,轴向 DRA 曲线形状特性与一维理论模型一致,轴向 DRA 曲线在记忆信息处出现向下弯曲。

(2) 轴对称模型得到了变形记忆效应诸多特征:随着放置时间的增加,

DRA 法测量记忆信息的能力将会下降；加载保持时间的增加有助于形成更好的记忆效应；加载保持时间足够长达到"饱和应变"状态，将形成永久且完全精确的记忆；初始加载重复次数的增加有助于形成更好的记忆效应；重复次数足够多达到"饱和应变"状态，将形成永久且完全精确的记忆；DRA 法测量人工记忆效应的精度与岩石类型有关，这些结论与一维理论模型完全一致。

（3）与一维理论模型不同的是：摩擦系数和接触面倾角的影响下轴向 DRA 曲线中第二个折点更难以观察到；一维理论模型中记忆区间位于最小黏聚力到 2 倍最大黏聚力之间，而轴对称理论模型中考虑了摩擦系数和接触面倾角的影响，记忆区间得到了极大扩展，上限可以达到几百倍的黏聚力。

（4）侧向 DRA 曲线：侧向 DRA 曲线的形状与轴向 DRA 曲线相反；精度相同；变化规律相同。结论得到了物理实验的支持。对于 DRA 法测量地应力来说，一个很重要的问题便是 DRA 折点的判断，这直接关系到 DRA 法的测量精度。轴对称理论模型联合第 3 章物理实验给出了证明，侧向 DRA 曲线在记忆信息处向上弯曲。这为 DRA 法测量地应力提供了轴向应变之外的另一种数据来源，通过两种 DRA 曲线的结合，选取对应于相同应力的折点为 DRA 折点，将极大提高 DRA 法测量地应力的精度。同时，基于关于侧向 DRA 曲线的结论，本书建议试样尽量增加其直径，以提高侧向应变的幅值，利于排除侧向应变的干扰因素。

第 11 章

围压作用下 DME 轴对称模型响应分析

　　针对含有围压的记忆信息测量问题,本章设计两种加载方案进行分析,分别对应单轴 DRA 法和含有围压的 DRA 法。总计 132 组试验,对结果进行线性拟合,得出结论。基于结果,提出了单轴 DRA 法测量含有围压的记忆信息的新方案。

11.1　围压作用下的岩石 DME 研究进展

　　Utagawa 等[23]采用砂岩进行了同时含有轴向初始加载 10 MPa 和围压 20 MPa、轴向初始加载 5 MPa 和围压 10 MPa 的 DME 研究。采用单轴 DRA 法进行测量。他们根据结果,认为 DRA 曲线同时含有两个向下的折点:一个折点对应轴向初始加载最大应力值,另一个折点对应围压应力值。对应轴向初始加载最大应力值的折点比后一个折点清晰,表明围压对轴向应力峰值的测量并没有影响;同时,围压同样可以在同一条轴向 DRA 曲线中得到体现。DRA 曲线如图 3 - 4 所示。如果这个结果成立,那么意味着可以通过轴向 DRA 法曲线同时测得围压和轴向应力峰值。但是根据图 3 - 4,两个折点并不明显。同时也要注意到,即使 DRA 曲线存在明显的折点,也并非所有折点都对应记忆信息。

　　与 Utagawa 等[23]的结果不同,Park 等[50]采用了 Hwangdeung 花岗岩试样进行了含有围压的 DRA 法研究。首先在试样上进行轴压为 15 MPa、围压为 30 MPa 的初始加载,采用 10 次重复加载以形成记忆信息。放置 1 h 后,通过 DRA 法分别进行初始加载中的轴向应力峰值的测量和围压的测量。DRA 法中的测量加载采用单轴压缩形式。Park 等[50]根据试验结果认为,此种情况下,DRA 法测量轴向应力峰值的精度误差在 14% 以内,DRA 法测量围压的精度误差在 12% 以内。以上表明,围压对轴向应力峰值的测量有影响。

　　现阶段,围压对 DRA 法的影响的研究很少,结果亦不统一,且已有结果需要进一步的探讨与验证。岩石一般处于伪三轴或真三轴应力状态,围压对于 DRA 法测轴向应力的影响,直接影响着 DRA 法对于地应力的测量与计算。围压对单轴 DRA 法的影响需要进一步研究。

11.2 围压作用下基本单元响应分析

对于 DME 的研究多集中在单轴压缩下 DME 的特征上,而地应力一般处于三向应力作用下,因此,研究围压作用对 DRA 法测量岩石 DME 的影响,对于 DRA 法在地应力测量的应用中具有重要意义。

本节选取两种加载方式,对围压对 DME 的影响进行了研究。第一种加载方式采用有围压的方式进行初始加载,测量加载为连续两次的单轴压缩试验,不含有围压。第二种加载方式中初始加载含有围压,并且测量加载中同样含有围压。加载方式一是加载方式二的测量围压为 0 的特殊情况,但是研究者多用加载方式一对记忆信息进行测量,因此单独进行详细分析。

11.2.1 加载方式一

加载方式一如图 11-1 所示,初始加载中同时含有轴压、围压,以形成记忆信息,围压最大值为 σ_{rp},轴向应力最大值为 σ_{zp};测量加载为连续两次单轴压缩试验,应力峰值记为 σ_{zm}。此加载方式模拟了试验室中用单轴测量加载测量围压作用下的岩石记忆信息。

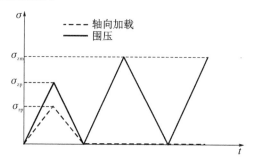

图 11-1 加载方式一:初始加载含有围压

围压作用下典型的轴向及侧向 DRA 曲线如图 11-2 所示,和单轴压缩试验相同,最多可以有两个折点:第一个折点是对 σ_p 的记忆,第二折点是对 σ_m 的记忆。同样,两个折点对应的应力分别记为 σ_{DRA1}、σ_{DRA2}。可知,初始加载中是否含有围压,并不影响 DRA 曲线的形状特征。

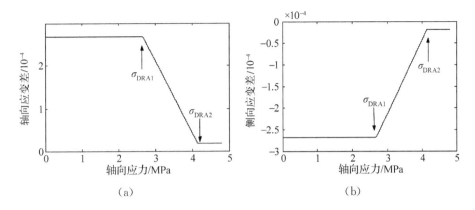

图 11 - 2　加载方式一下典型 DRA 曲线图

1) 应力记忆区间分析

由一维理论模型结果可知，对于基本单元，DME 只在一定的应力区域存在。此处首先讨论对基本单元中 DRA 法作用的应力区域：

$$\begin{cases} \sigma_s = (\sigma_z - \sigma_r)\sin\beta\cos\beta \\ \sigma_s = \sigma_{store} + |\sigma_{fric}|_{max} \\ |\sigma_{fric}|_{max} = co_1 + f(\sigma_z\cos^2\beta + \sigma_r\sin^2\beta) \\ 0 \leqslant \sigma_{store} \leqslant co_1 \end{cases} \quad (11-1)$$

式中，σ_{store} 为弹性元件 3 和 Maxwell 体的应力和。由以上方程组推导得到：

$$\frac{co_1 + (f\sin^2\beta + \sin\beta\cos\beta)\sigma_r}{\sin\beta\cos\beta - f\cos^2\beta} \leqslant \sigma_z \leqslant \frac{2co_1 + (f\sin^2\beta + \sin\beta\cos\beta)\sigma_r}{\sin\beta\cos\beta - f\cos^2\beta} \quad (11-2)$$

上式两端分别为记忆应力区间下边界和上边界，即：

$$\begin{cases} \sigma_{zl} = \dfrac{co_1}{(\sin\beta\cos\beta - f\cos^2\beta) - A(f\sin^2\beta + \sin\beta\cos\beta)} \\ \sigma_{zu} = \dfrac{2co_1}{(\sin\beta\cos\beta - f\cos^2\beta) - A(f\sin^2\beta + \sin\beta\cos\beta)} \end{cases} \quad (11-3)$$

式中，A 为初始围压与初始轴向应力的比值：$A = \dfrac{\sigma_{rp}}{\sigma_{zp}}$。

围压作用下，DRA 法存在的应力区间位于 σ_{zl}、σ_{zu} 之间。在初始加载中，如果应力峰值 σ_z 低于 σ_{zl}，接触面的相对滑动无法启动，弹性元件 3 和 Maxwell 体没有变形，此时 $\sigma_{store} = 0$，基本单元处在完全弹性区域。应力区间的上下边界 σ_{zl}、σ_{zu} 与黏结力 co_1 的倍比随接触面倾角的分布情况如图 11 - 3 和图 11 - 4 所示。不同于一维理论基本单元，应力区间的上下边界随着接触面倾角和摩擦系数的变化可以达到几百倍的黏聚力。应力上下边界随接触面倾角的分布在 0~90°之间呈现 U 形分布，在接触面倾角 45°时为最小。

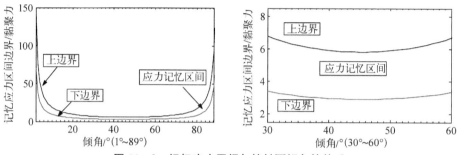

图 11 - 3　记忆应力区间与接触面倾角的关系
$(f=0.01, A=0.3)$

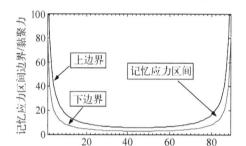
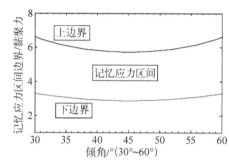

图 11 - 4　记忆应力区间与接触面倾角的关系
$(f=0, A=0.3)$

单轴压缩下，为保证 $\sigma_{z1}>0$，得到式(11 - 3)中摩擦系数 f 满足的条件：

$$f<f_c=\frac{(1-A)\sin\beta\cos\beta}{\cos^2\beta+A\sin^2\beta} \tag{11 - 4}$$

式中，f_c 为临界值。同时，上式可由表达式

$$\begin{cases}\sigma_s\geqslant|\sigma_{fric}|_{max}\\ co_1>0\end{cases} \tag{11 - 5}$$

推导得到。此表达式代表了避免接触面自锁现象需要满足的条件。图 11 - 5 中曲线为 $A=0.3$ 时 f_c 的分布，f 在阴影区域内可避免接触面的自锁现象。

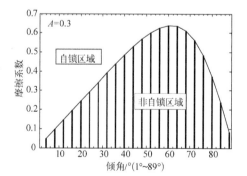

**图 11 - 5　摩擦系数临界值 f_c 与
接触面倾角的关系**$(A=0.3)$

2) 围压的影响

由 Maxwell 体的特性可知,连续加载过程在卸载阶段和第一次测量加载中,基本单元储存的弹性势能将通过黏性元件损失。此阶段的能量损失非常少,此处不考虑此阶段所储存的弹性势能损失。在初始加载应力峰值处(σ_{rp}、σ_{zp} 对应时刻)存在下列等式:

$$\begin{cases} \sigma_s = \sigma_{store} + |\sigma_{fric}|_{max} \\ \sigma_s = (\sigma_{zp} - \sigma_{rp})\sin\beta\cos\beta \\ |\sigma_{fric}|_{max} = co_1 + f(\sigma_{zp}\cos^2\beta + \sigma_{rp}\sin^2\beta) \end{cases} \tag{11-6}$$

在第一次测量加载中围压 $\sigma_r = 0$。在记忆应力处应力-应变曲线出现折点,对应的轴向应力为 σ_{DRA1},此时有下面等式:

$$\sigma_{DRA1}\sin\beta\cos\beta = \sigma_{store} + co_1 + f\sigma_{DRA1}\cos^2\beta \tag{11-7}$$

由以上两组公式将 σ_{store} 消去可得:

$$\sigma_{DRA1} = \sigma_{zp} - (1+K)\sigma_{rp} \tag{11-8}$$

式中,$K = \dfrac{f}{\sin\beta\cos\beta - f\cos^2\beta}$。

由此可知,DRA 法中,采用单纯"单轴压缩测量"(图 11-1 中测量加载),对有围压条件下形成岩石 DME 时,DRA 折点识别的应力值 σ_{DRA1} 为轴向应力峰值 σ_{zp} 和围压 σ_{rp} 的组合,如式(11-8)所示。其中,K 值依赖于接触面倾角 β 及摩擦系数 f,如图 11-6 所示,可知当接触面倾角一定时,K 值随 f 的增大而增大。K 值大于或等于 0。当摩擦系数为 0 时,K 值等于 0,此时,DRA 法测出的应力值为 ($\sigma_{zp} - \sigma_{rp}$),即初始加载轴向应力和围压的差值。另外,由式(11-8)可知,在初始加载为静水压力的情况下($\sigma_z = \sigma_r$),σ_{DRA1} 小于或等于 0,即无法测到 DRA 折点,记忆效应消失。

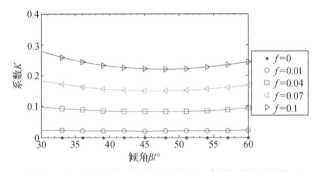

图 11-6　系数 K 与接触面倾角 β 及摩擦系数 f 的关系

11.2.2 加载方式二

如图 11-7 所示,加载方式二中初始加载和测量加载都含有围压作用。由加载方式一可知,单轴测量加载并不能直接测出含有围压的初始加载的轴向记忆信息。加载方式二用来研究测量加载中含有围压的 DRA 法是否可以准确测量围压下的记忆信息。

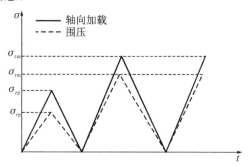

图 11-7　加载方式二:测量加载含有围压

加载方式二的典型 DRA 曲线如图 11-8 所示。与图 11-2 对比可知,测量加载中的围压并不影响 DRA 曲线的形状。

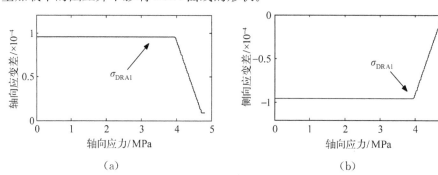

图 11-8　加载方式二下典型 DRA 曲线图

由图 11-7 可知,加载方式二中的初始加载和加载方式一完全相同,因此对于初始加载的启动区域、应力记忆区间与加载方式一完全一致,此处不再重复。

在初始加载应力峰值处存在下列等式:

$$
\begin{cases}
\sigma_s = \sigma_{store} + |\sigma_{fric}|_{max} \\
\sigma_s = (\sigma_{zp} - \sigma_{rp})\sin\beta\cos\beta \\
|\sigma_{fric}|_{max} = co_1 + f(\sigma_{zp}\cos^2\beta + \sigma_{rp}\sin^2\beta)
\end{cases}
\tag{11-9}
$$

在第一次测量加载中，DRA 折点处 $\sigma_z = \sigma_{DRA1}$，代入式（11 - 9）中得到：

$$(\sigma_{DRA1} - \sigma_{rm})\sin\beta\cos\beta = \sigma_{store} + [co_1 + f(\sigma_{DRA1}\cos^2\beta + \sigma'_{rm}\sin^2\beta)] \quad (11 - 10)$$

式中，σ'_{rm} 为测量加载轴向应力到达初始加载轴向应力值时的围压值。联立以上两式可以得到：

$$\sigma_{DRA1} = \sigma_{zp} - (1 + K)(\sigma_{rp} - \sigma'_{rm}) \quad (11 - 11)$$

式中，$K = \dfrac{f}{\sin\beta\cos\beta - f\cos^2\beta}$。

由式（11 - 11）可知，在基本单元中，对于同时含有围压和轴压的记忆信息，DRA 折点对应的 σ_{DRA1} 是初始加载轴向应力峰值 σ_{zp}、围压 σ_{rp}、测量加载中 σ'_{rm} 三者的组合值。在使用 DRA 法进行记忆信息读取时，测量加载中的围压必须与记忆信息中的围压完全一致（$\sigma'_{rm} = \sigma_{rp}$），才能得到正确的轴向岩石记忆信息。和加载方式一相同，K 值取决于摩擦系数 f 和接触面倾角 β，如图 11 - 6 所示。

11.3　围压作用下多接触面模型分析

在基本单元的基础上，进行围压作用下多接触面模型中 DRA 法的分析。和基本单元加载方式完全相同，采取两种加载方式进行数值试验。

11.3.1　加载方式一

加载方式一如图 11 - 1 所示。多接触面模型在围压作用下的典型轴向和侧向 DRA 曲线如图 11 - 9 所示。由图可知，单轴 DRA 法测量含有围压的记忆

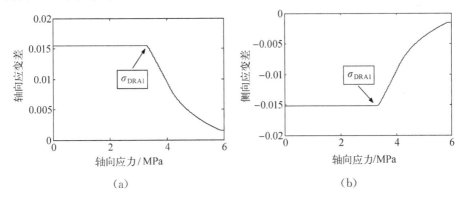

(a)　　　　　　　　　　　　　　(b)

图 11 - 9　加载方式一下典型 DRA 曲线图

信息的 DRA 曲线形状特征和不含围压的记忆信息的 DRA 曲线形状特征一致。轴向 DRA 曲线向下弯曲,侧向 DRA 曲线向上弯曲,两者准确度一致。

数值试验结果表明,在相同的初始轴压情况下,随着初始围压的增高,DRA 折点所对应的应力值变小。图 11-10 至图 11-20 给出了实例图,图中箭头方向表示初始加载围压 σ_{rp} 逐渐变大,而 DRA 折点出现向较小应力值移动的趋势。

由基本单元的结果可知,DRA 法所识别的应力值为初始轴压 σ_{zp}、初始围压 σ_{rp} 的线性组合:$\sigma_{DRA}=\sigma_{zp}-(1+K)\sigma_{rp}$。本节为了得到在加载方式一中,多接触面理论模型是否同样存在和基本单元相同的结论,设计共 54 组数值试验:(1) 选用"3"组不同参数组合;(2) 每组参数组合选用"3"种不同的轴向应力,以 "σ_{zp},σ_{zm}"表示:分别为 5 MPa,6 MPa;6 MPa,7.2 MPa;7 MPa,8.4 MPa(由于只需要保证 $\sigma_{zm}>\sigma_{zp}$ 即可,统一起见都选用 $\sigma_{zm}=1.2\sigma_{zp}$);(3) 每种轴向应力对应 "6"种围压加载方案,以 σ_{rp}/σ_{zp} 表示分别为 0.2、0.3、0.4、0.5、0.6、0.7。因此共计"3×3×6=54"组试验,每 6 组试验采用最小二乘法对数值试验结果进行线性拟合,进而确定多接触面理论模型的 K 值。图 11-10～图 11-20 给出了各种不同参数组合在各种不同加载方案下的结果。图 11-10～图 11-13 给出了参数组合一($f=0$,$\eta_1=1\times10^{14}$,$k_1=1\times10^9$,$k_3=1\times10^9$)的结果。

由基本单元结果可知,当 $f=0$ 时,基本单元中 K 值接近于 0。为了得到多接触面理论模型的 K 值,首先选用 $\eta_1=1\times10^{15}$,$k_1=1\times10^9$,$k_3=1\times10^9$,$f=0$ 的参数组合。轴向、侧向 DRA 曲线随初始围压的变化如图 11-10 至图 11-12 所示,随着围压的增大,DRA 折点对应的应力逐渐减小。采用最小二乘法对每 6 组试验中 σ_{DRA}、σ_{zp}、σ_{rp} 进行线性拟合,结果如图 11-13 所示:和基本单元结果类似,K 值接近于零(平均值为 0.000 7),即 $\sigma_{DRA}=\sigma_{zp}-\sigma_{rp}$。对于参数组合一,$K$ 值在不同的加载组合下都相同,DRA 法读取的应力值为初始轴压与初始围压的差值。

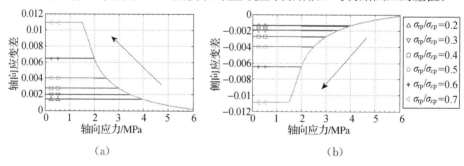

(a) (b)

图 11-10　围压对 DRA 折点位置的影响示意图(参数组合一,$\sigma_{zp}=5$ MPa)

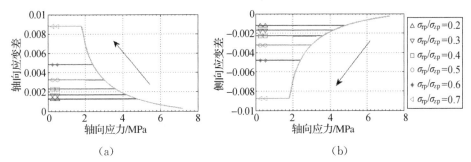

图 11 - 11　围压对 DRA 折点位置的影响示意图（参数组合一，$\sigma_{zp} = 6\ \text{MPa}$）

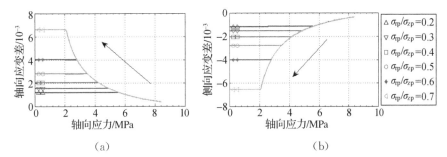

图 11 - 12　围压对 DRA 折点位置的影响示意图（参数组合一，$\sigma_{zp} = 7\ \text{MPa}$）

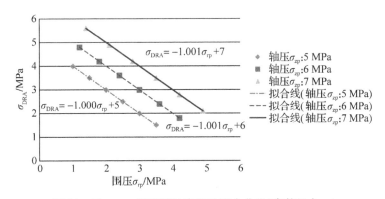

图 11 - 13　σ_{DRA} 随围压的变化及拟合曲线（参数组合一）

图 11 - 14 至图 11 - 17 为在参数组合二（$f = 0.001$，$\eta_1 = 1 \times 10^{14}$，$k_1 = 1 \times 10^9$，$k_3 = 1 \times 10^9$）条件下，轴向、侧向 DRA 曲线随初始围压的变化。采用最小二乘法对每 6 组试验结果中的 σ_{DRA}、初始轴向应力 σ_{zp}、初始围压 σ_{rp} 进行线性拟合。结果如图 11 - 17 所示，σ_{DRA} 为 σ_{zp}、σ_{rp} 及 K 的线性组合，三条拟合曲线几乎完全平行。K 值的平均值约为 0.020 7，即 $\sigma_{DRA} = \sigma_{zp} - 1.020\ 7\sigma_{rp}$。对于参数组合二，$K$ 值在不同的加载组合下都相同。

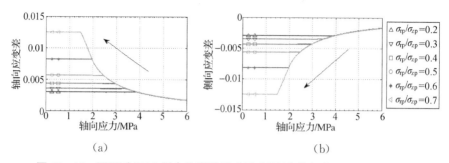

图 11-14　围压对 DRA 折点位置的影响示意图(参数组合二,$\sigma_{zp}=5$ MPa)

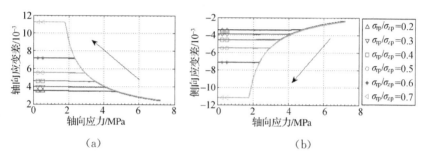

图 11-15　围压对 DRA 折点位置的影响示意图(参数组合二,$\sigma_{zp}=6$ MPa)

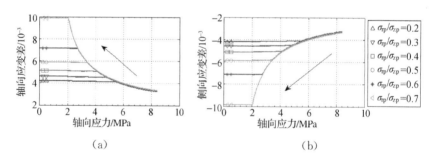

图 11-16　围压对 DRA 折点位置的影响示意图(参数组合二,$\sigma_{zp}=7$ MPa)

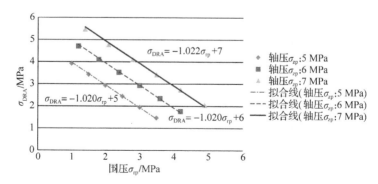

图 11-17　σ_{DRA} 随围压的变化及拟合曲线(参数组合二)

图 11-18 至图 11-21 为在参数组合三($f=0.01$，$\eta_1=1\times10^{15}$，$k_1=1\times10^9$，$k_3=1\times10^9$)条件下，轴向、侧向 DRA 曲线随初始围压的变化。采用最小二乘法对每 6 组试验结果中的 σ_{DRA}、初始轴向应力 σ_{zp}、初始围压 σ_{rp} 进行线性拟合。结果如图 11-21 所示，和参数组合一、二相同，σ_{DRA} 为 σ_{zp}、σ_{rp} 及 K 的线性组合，三条拟合曲线几乎完全平行。K 值的平均值约为 0.047 6，即 $\sigma_{DRA}=\sigma_{zp}-1.0476\sigma_{rp}$。对于参数组合三，$K$ 值在不同的加载组合下都相同。

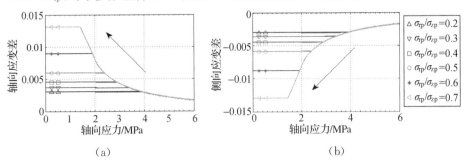

图 11-18　围压对 DRA 折点位置的影响示意图(参数组合三，$\sigma_{zp}=5$ MPa)

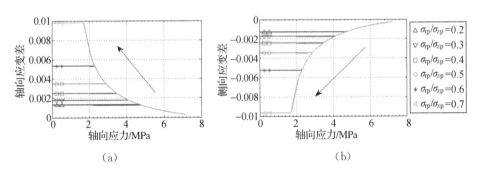

图 11-19　围压对 DRA 折点位置的影响示意图(参数组合三，$\sigma_{zp}=6$ MPa)

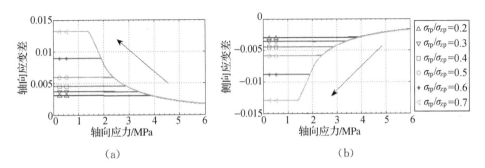

图 11-20　围压对 DRA 折点位置的影响示意图(参数组合三，$\sigma_{zp}=7$ MPa)

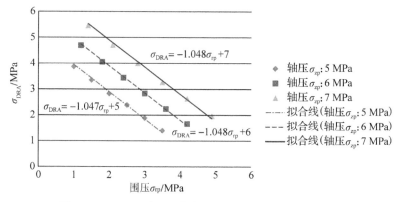

图 11-21 σ_{DRA} 随围压的变化及拟合曲线(参数组合三)

对于加载方式一,由以上 54 组数值试验及拟合结果得到理论模型的以下结论:

(1) 在初始围压作用下,轴向、侧向 DRA 曲线形状和完全单轴压缩下的曲线一致。

(2) 随着初始围压的增大,DRA 折点对应的应力值减小。当初始围压与初始轴向应力相等时,即静水压力作用下,DRA 法无法测出记忆信息。

(3) 单轴测量加载下得到的 σ_{DRA} 为记忆信息的轴向应力及围压的线性组合,符合公式 $\sigma_{DRA} = \sigma_{zp} - (1+K)\sigma_{rp}$。

(4) K 值大于等于 0,依赖于岩石材料(不同参数组合)。

11.3.2 加载方式二

如图 11-7 所示,加载方式二测量加载中含有围压,用于研究含有围压测量方式的 DRA 法对含有围压的记忆信息的测量。由基本单元结果可知,此种加载条件下,DRA 法测出的应力值 σ_{DRA} 为记忆信息中轴压 σ_{zp}、围压 σ_{rp} 的线性组合。为研究多接触面模型中三者是否同样存在线性关系,本节总计选用 36 组数值试验,满足以下方案:(1) 选用"2"组参数组合(参数组合一:$\eta_1 = 1 \times 10^{15}$,$k_1 = 1 \times 10^9$,$k_3 = 1 \times 10^9$,$f = 0$;参数组合二:$\eta_1 = 1 \times 10^{15}$,$k_1 = 1 \times 10^9$,$k_3 = 1 \times 10^9$,$f = 0.01$);(2) 每组参数组合选用"3"种轴向加载组合,分别为 5 MPa,6 MPa;6 MPa,7.2 MPa;7 MPa,8.4 MPa(由于只需要保证 $\sigma_{zm} > \sigma_{zp}$ 即可,统一起见都选用 $\sigma_{zm} = 1.2\sigma_{zp}$);(3) 每种轴向加载组合下,测量加载中对应 σ_{zp} 的围压 σ'_{rm} 选用"6"个值,以 σ'_{rm}/σ_{zp} 表示,$\sigma'_{rm}/\sigma_{zp} = 0.2, 0.25, 0.3, 0.35, 0.4, 0.45$。以上共计

$2 \times 3 \times 6 = 36$ 种试验组合。数值试验结果如图 11-22 至图 11-29 所示。

参数组合一的 18 种数值试验结果如图 11-22 至图 11-24 所示。σ_{DRA} 值随初始围压和测量围压差 $(\sigma_{rp} - \sigma'_{rm})$ 的增大而增大。按照基本单元加载方式二结果的提示,对 σ_{DRA} 值、初始围压和测量围压差 $(\sigma_{rp} - \sigma'_{rm})$ 采用最小二乘法进行了线性拟合,结果如图 11-25 所示。三种轴向加载方案下的拟合结果几乎为三条平行的线,K 值都在 0.41 附近。此参数组合下,满足关系式 $\sigma_{DRA} = \sigma_{zp} - (1+K)(\sigma_{rp} - \sigma'_{rm})$。同时可知,在参数组合一下当 $\sigma_{rp} - \sigma'_{rm} = 0$,即测量中的围压值与记忆信

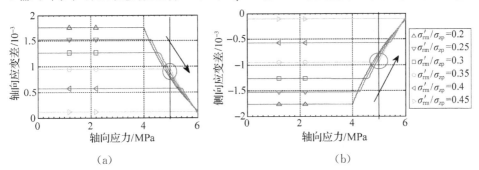

(a)　　　　　　　　　　　(b)

图 11-22　参数组合一 DRA 曲线$(\sigma_{zp} = 5 \text{ MPa}, \sigma_{rp}/\sigma_{zp} = 0.35)$

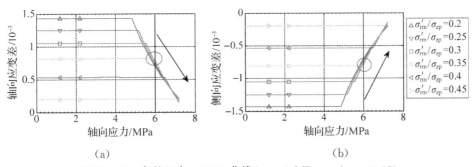

(a)　　　　　　　　　　　(b)

图 11-23　参数组合一 DRA 曲线$(\sigma_{zp} = 6 \text{ MPa}, \sigma_{rp}/\sigma_{zp} = 0.35)$

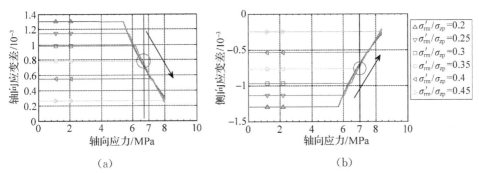

(a)　　　　　　　　　　　(b)

图 11-24　参数组合一 DRA 曲线$(\sigma_{zp} = 7 \text{ MPa}, \sigma_{rp}/\sigma_{zp} = 0.35)$

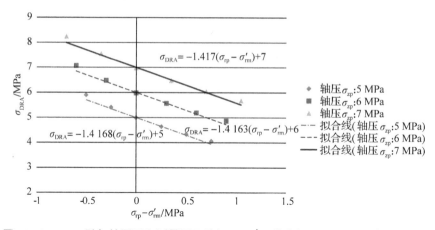

图 11-25 σ_{DRA} 随初始围压和测量围压差$(\sigma_{rp}-\sigma'_{rm})$的变化及拟合曲线（参数组合一）

息中的围压值相同时,DRA 法测出的 σ_{DRA} 值为记忆信息的轴向应力值。

　　参数组合二的 18 种数值试验结果如图 11-26 至图 11-28 所示。与参数组合一相同,σ_{DRA} 值随初始围压和测量围压差$(\sigma_{rp}-\sigma'_{rm})$的增大而增大。对 σ_{DRA} 值、初始围压和测量围压差$(\sigma_{rp}-\sigma'_{rm})$采用最小二乘法进行了线性拟合,结果如图 11-29 所示。三种轴向加载方案下的拟合结果几乎为三条平行的线,K 值都在 0.5 附近。此参数组合下,满足关系式 $\sigma_{DRA}=\sigma_{zp}-(1+K)(\sigma_{rp}-\sigma'_{rm})$。与组合一的 K 值不同,说明 K 值取决于参数组合,即不同岩石类型对应不同的 K 值。同时可知,当 $\sigma_{rp}-\sigma'_{rm}=0$,即测量中的围压值与记忆信息中的围压值相同时,DRA 法测出的 σ_{DRA} 值为记忆信息的轴向应力值。

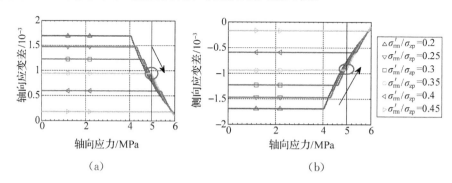

(a)　　　　　　　　　　　　　　　(b)

图 11-26 参数组合二 DRA 曲线$(\sigma_{zp}=5\ \mathrm{MPa},\sigma_{rp}/\sigma_{zp}=0.35)$

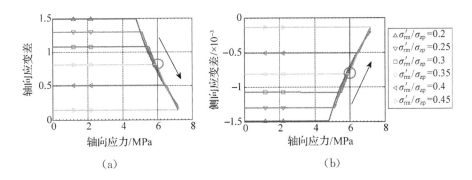

图 11－27　参数组合二 DRA 曲线（σ_{zp}＝6 MPa，σ_{rp}/σ_{zp}＝0.35）

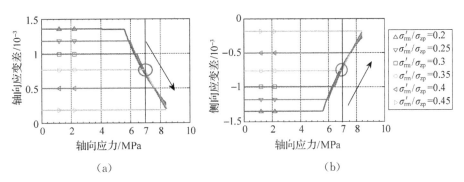

图 11－28　参数组合二 DRA 曲线（σ_{zp}＝7 MPa，σ_{rp}/σ_{zp}＝0.35）

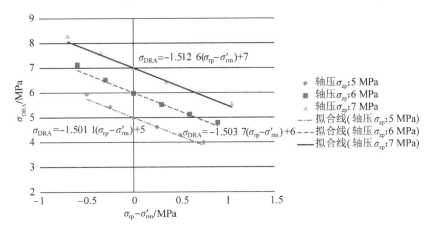

图 11－29　σ_{DRA} 随初始围压和测量围压差（$\sigma_{rp}-\sigma'_{rm}$）的变化及拟合曲线（参数组合二）

由以上两种参数组合方案结果可知，只有当 $\sigma_{rp}=\sigma'_{rm}$ 时，$\sigma_{DRA}=\sigma_{zp}$。此结论对于地应力的测量来说十分重要。为了进一步验证此结论，总计选用 42 种 $\sigma_{rp}=\sigma'_{rm}$ 的数值试验，满足以下方案：(1)仍选用以上"2"组参数组合；(2)每组参数组合下选用"3"种轴向加载组合 σ_{zp}，σ_{zm}，分别为 5 MPa，6 MPa；6 MPa，7.2 MPa；7 MPa，8.4 MPa（由于只需要保证 $\sigma_{zm} > \sigma_{zp}$ 即可，统一起见都选用 $\sigma_{zm} = 1.2\sigma_{zp}$）；(3) 每种组合下，满足条件 $\sigma_{rp} = \sigma'_{rm}$。以上共计 $2 \times 3 \times 7 = 42$ 种试验组合。试验结果如图 11-30 至图 11-35 所示。42 条 DRA 曲线都在 σ_{zp} 处形成 DRA 折点。这证明了测量加载中若能保持围压应力值与记忆信息中围压值相同

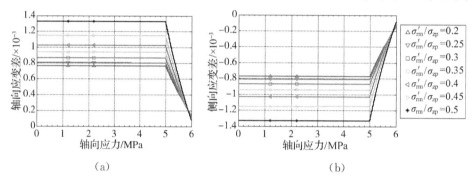

图 11-30　参数组合一 DRA 曲线（$\sigma_{rp} = 5$ MPa，$\sigma_{rp} = \sigma'_{rm}$）

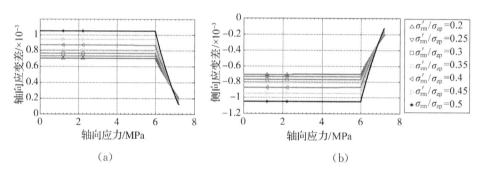

图 11-31　参数组合一 DRA 曲线（$\sigma_{rp} = 6$ MPa，$\sigma_{rp} = \sigma'_{rm}$）

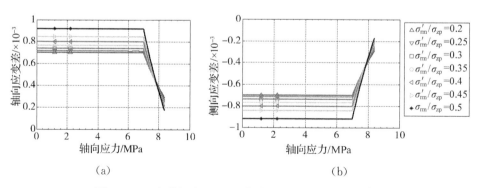

图 11-32　参数组合一 DRA 曲线（$\sigma_{rp} = 7$ MPa，$\sigma_{rp} = \sigma'_{rm}$）

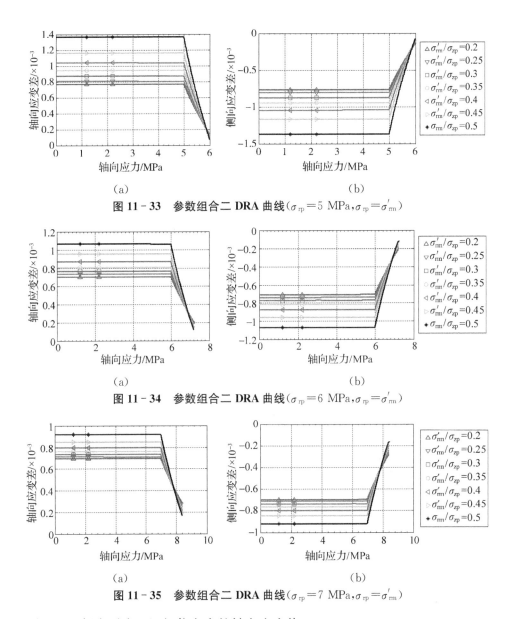

图 11 - 33　参数组合二 DRA 曲线($\sigma_{rp} = 5$ MPa，$\sigma_{rp} = \sigma'_{rm}$)

图 11 - 34　参数组合二 DRA 曲线($\sigma_{rp} = 6$ MPa，$\sigma_{rp} = \sigma'_{rm}$)

图 11 - 35　参数组合二 DRA 曲线($\sigma_{rp} = 7$ MPa，$\sigma_{rp} = \sigma'_{rm}$)

时，DRA 折点对应于记忆信息中的轴向应力值。

综上，对于多接触面轴对称模型，DRA 法对于测量含有围压的测量信息有以下结论：

（1）含有围压的测量加载得出的 σ_{DRA} 值与记忆信息中围压和测量围压差($\sigma_{rp} - \sigma'_{rm}$)成线性关系，即 $\sigma_{DRA} = \sigma_{zp} - (1 + K)(\sigma_{rp} - \sigma'_{rm})$。

（2）K 值取决于岩石类型，不同的岩石存在不同的 K 值。

（3）DRA 法中，当测量加载中的围压值与记忆信息中的围压值相同时，测得的 σ_{DRA} 值等于记忆信息中的轴向应力值 σ_{rp}。

11.4　结果讨论

针对围压的影响，本章设计了两种加载方式：第一种用于解答单轴 DRA 法测量出的应力值是什么应力的问题；第二种用于解答含有围压的 DRA 法测量出的应力值是什么应力的问题。试验得到以下结论：

（1）含有围压的记忆效应并不影响 DRA 曲线特征，轴向、侧向 DRA 曲线与单轴加载形成的记忆效应的 DRA 曲线相同。

（2）采用单轴压缩测量的 DRA 法，对含有围压的记忆信息进行测量，DRA 折点对应的应力值 σ_{DRA} 为记忆信息中围压 σ_{rp} 和轴压 σ_{zp} 的组合，三者满足线性关系：$\sigma_{DRA} = \sigma_{zp} - (1+K)\sigma_{rp}$。

（3）对于含有围压的 DRA 法，DRA 折点对应的应力值 σ_{DRA} 为记忆信息中围压 σ_{rp}、轴压 σ_{zp} 和测量加载中的围压 σ'_{m} 三者的组合：$\sigma_{DRA} = \sigma_{zp} - (1+K)(\sigma_{rp} - \sigma'_{m})$。

（4）K 值大于等于 0，依赖于岩石类型。

至今为止，对围压下的 DRA 法的研究非常少。已有文献中，Park 等[50]对此主题进行了专门的研究。他们采用 Hwangdeung 花岗岩进行了含有围压的人工记忆效应试验。初始加载中同时含有轴压和围压，采用单轴 DRA 法对初始加载形成的记忆信息进行测量。文章指出，受围压影响，DRA 法对记忆信息中的轴压测量精度降低了 14%。据此，研究者得出结论，围压对 DRA 法存在影响。此研究对本章结论有一定的支持作用。但是，他们并没有进一步给出围压、轴压及 DRA 折点对应应力值之间的定量关系。

此外，笔者曾工作过的澳大利亚地质力学中心及西澳大学试验室做了含有围压的记忆效应读取试验[145]，初步结果表明，单轴 DRA 法所测的应力值为记忆信息中的轴压和围压的差值。此结论与本章结论一致。

本章结论表明，含有围压的记忆信息读取十分复杂，并不能单纯由一次单轴 DRA 法试验测量。由结论(3)可知，只有当 DRA 法中测量加载含有围压，且等于记忆信息围压值时，DRA 折点才对应记忆信息中的轴压值。而一般情况下，围压未知。为避免测量加载中必须引入围压，提出以下方法，通过单轴 DRA 法确定记忆信息的轴压与围压值：

首先采用人工记忆效应确定岩石类型的 K 值:对同一种岩石试样,进行一系列含有不同轴压、围压组合的初始加载,得到稳定的 K 值。初始加载中的轴压和围压的选取可以采用多组固定轴压对应一系列围压的方案,或者固定围压对应一系列轴压的方案。然后对结果进行线性拟合得到 K 值(如本章 11.3.1节加载方案一中的试验方案)。

选取含有相同记忆信息的至少两组试样,进行单轴 DRA 法测量,结果代入公式 $\sigma_{DRA} = \sigma_{zp} - (1+K)\sigma_{rp}$ 中,求解方程组,得到记忆信息 σ_{zp}, σ_{rp}。

在测出记忆信息中的围压和轴压后,可以依据结论(3),采用含围压(等于记忆信息中的围压值)的 DRA 法进行测量,对比 DRA 折点对应的应力值和记忆信息中轴压值,依此对测量结果进行验证。

以上方法可以同时得到记忆信息中的围压和轴压信息。此方法建立在前文已经证明的人工记忆效应与地应力记忆效应机理一致的基础上。若无此证明,则人工记忆效应的 K 值是否与地应力记忆效应的 K 值一致,将成为问题。同时,此方法一方面需要更多的试验求解岩石的参数 K;另一方面,此方法只能用于假三轴状态下的岩石记忆信息的测量。

11.5　本章小结

本章采用轴对称理论模型对围压下岩石 DME 进行数值试验,得到了以下结果:

(1) 单轴 DRA 法测得的应力值为记忆信息中轴向应力和围压值的线性组合:$\sigma_{DRA} = \sigma_{zp} - (1+K)\sigma_{rp}$。

(2) 在含有围压的 DRA 法中,测得的应力值为记忆信息中轴压、围压、测量加载中的围压三者的线性组合:$\sigma_{DRA} = \sigma_{zp} - (1+K)(\sigma_{rp} - \sigma'_{rm})$。

(3) K 值大于等于 0,依赖于岩石类型。K 值的提出,对 DME 是一个全新的内容,得到物理试验的部分支持。

基于此结论,提出了测量含有围压的记忆信息的新方法:采用一系列人工记忆效应确定 K 值,然后进行多组相同地应力记忆信息的测量,得到记忆信息中的围压和轴压。

第 12 章

结论与展望

12.1 结论

12.1.1 主要结论

本书在物理试验的基础上,提出了岩石内部微裂纹及颗粒接触面的黏弹性摩擦滑动为形成岩石 DME 的机理。基于此机理,构建了一维理论模型及轴对称理论模型,并开展了岩石 DME 的数值试验,对 DME 本身的各种物理现象及问题给出了解答,同时给出了 DRA 法测量地应力的诸多问题的解答,对推动 DRA 法的发展和完善具有重大意义。本书主要研究内容如下:

(1) 选用人工制备材料 Fuji Rock、天然岩石材料砂岩和火山沉积岩两类共三种材料进行物理试验。结果表明:低于材料单轴抗压强度的 10% 和 15% 的应力区域,仍然存在 DRA 法可测的人工 DME 及地应力 DME,由此推出岩石 DME 新的形成机理为已有微结构面的摩擦滑动。采用弹性元件、St. V 体、黏性元件等岩石基本元件建立一维和轴对称理论模型。引入了无量纲参数分析法,对含有单接触面的基本单元进行分析。在此基础上,构建多接触滑动面理论模型用于模拟含有大量微裂纹及颗粒体的岩石试样。

(2) 针对国内 DME 研究及 DRA 法应用的空白,将 DME 中的各种概念、物理特征、DRA 法的应用步骤、折点识别方法、计算、关键技术等向国内引进,其中关键技术是笔者在 DRA 法测量地应力实践中总结出的经验性成果。

(3) 物理试验和基于两种理论模型的数值试验共同表明:① 轴向 DRA 曲线在记忆信息折点处表现为向下弯曲;② 侧向 DRA 曲线在记忆信息折点处向上弯曲,侧向 DRA 曲线精度与轴向 DRA 曲线一致;③ 人工记忆效应与地应力记忆效应在轴向、侧向 DRA 曲线的形状、精度方面表现一致。

(4) 物理试验和理论模型共同表明岩石 DME 时效特性存在以下规律:① 随着加载保持时间的增加,岩石的记忆信息形成精度先逐渐增大,后趋于稳定状态(准确记忆先期加载),应变差幅值先逐渐减小,后趋于稳定。当保持加载下的记忆信息形成精度和应变差幅值变化趋势保持一致,即达到众多文献中所谓的"饱和应变"状态对应于模型中的蠕变变形完成状态时,可通过应变差幅值的变化判别最佳加载保持时间。② 随着放置时间的增加,岩石的记忆信息形成精度逐渐减小,当记忆信息形成精度为 0 时,岩石发生失忆现象(此现象也称为岩石 DME 的失忆性),并表现为放置时间越长,DRA 折点越远离记忆信息,DRA 折点处越平缓,识别难度增大。③ 如果加载保持时间足够长或加载次数足够多,蠕变变形充分完成,即达到"饱和应变"状态,DRA 法将能完全精确地测量出初始加载应力峰值(或地应力值),且不存在失忆性。④ 人工记忆效应与地应力记忆效应:当蠕变变形没有充分完成时(或没有达到"饱和应变"状态时),人工记忆效应属于短期记忆效应,存在失忆性。地应力记忆效应,在长期的荷载作用下形成,一般属于长期记忆效应,不存在失忆性。由理论模型结果可知,人工记忆效应与地应力记忆效应的区别在于加载作用时间的长短不同,其机理都可由接触面黏弹性摩擦滑动解释。⑤ 岩石 DME 的时效性与岩石的受荷历史、加载环境及岩石种类相关。

(5)物理试验和理论模型共同表明岩石 DME 在复杂应力路径下存在以下规律:① 随着循环加载次数的增加,DRA 法测量记忆信息的精度将提高,表现为加载保持时间越长,DRA 折点越接近记忆信息,DRA 折点越清晰,当循环加载次数足够多直到达到"饱和应变"状态,DRA 法测量记忆信息完全精确,此时循环加载路径下岩石 DME 的记忆信息形成精度和应变差幅值变化趋势保持一致,即可通过应变差幅值的变化判别最佳循环加载次数。② 变应力峰值下的简单和复杂应力路径下,当加载环境和受荷历史一致时,且不考虑失忆性的情况下,岩石总是记忆历史最大的应力峰值,即 DRA 曲线记忆的为历史最大应力峰值,而不是最近应力峰值;所有 DRA 折点前曲线平缓上升或下降,且 DRA 折点处荷载大小均不超过历史最大应力峰值。③ 变应力峰值路径下岩石 DME 存在多期性,但多期性的出现存在一定概率性,其与岩石种类、受荷历史有关。

(6)采用花岗岩及大理岩开展岩石 DME 在不同含水率下的规律研究,结果表明:含水率对岩石 DME 的影响和岩石类型(吸水能力)相关,花岗岩试样的 DME 不受含水率变化的影响,大理岩试样在常规吸水试验下不能推断其 DME 与含水率的相关性。

(7)采用轴对称理论模型对 DRA 测量含有围压记忆信息的规律进行分析,并采用两种加载方案进行数值试验,两种方案分别对应两种应用方法:单轴 DRA 法、含有围压的 DRA 法。得到结果:① 单轴 DRA 法测得的应力值为记忆信息中轴压和围压应力值的线性组合:$\sigma_{DRA} = \sigma_{zp} - (1+K)\sigma_{rp}$;② 含有围压的 DRA 法测得的应力值为记忆信息中轴压、围压和测量加载中的围压的线性组合：$\sigma_{DRA}=\sigma_{zp}-(1+K)(\sigma_{rp}-\sigma'_{rm})$；③ K 值大于等于 0，与岩石类型有关。根据以上结论，提出了运用单轴 DRA 法测量伪三轴应力状态记忆信息的新方法：结合人工记忆效应进行系列试验确定 K 值，进行多组试验求解记忆信息（第 5 章）。

12.1.2　创新点

（1）提出岩石内部已有微裂纹和颗粒接触面上的黏弹性摩擦滑动这一物理现象为形成 DME 的一种机理，揭示了岩石对所承受应力加载信息包括地应力信息具有普遍记忆的深层次原因，为正确分析 DME 及采用 DRA 法测量地应力提供基础。机理的提出以裂纹初始应力值以下应力区域物理试验为基础，得到后续一维模型、轴对称模型、各种物理试验的证明。

（2）构建基于黏弹性摩擦滑动的一维理论模型。模型结论解答了 DME 的一系列问题，得到物理试验的证明，同时对 DRA 法测量地应力具有重要实用价值：轴向 DRA 曲线基本形状的结论，将提高 DRA 法对地应力测量的精度；人工及地应力记忆效应的结论，为研究者将人工记忆效应的结论应用于地应力测量提供了依据，将极大丰富研究 DRA 法测量地应力的手段；得到利用人工记忆效应研究地应力记忆效应需满足的条件，试样需要达到"饱和应变"状态；地应力属于长期精确记忆不存在失忆性的结论，为长时间放置的岩芯仍可以进行地应力测量提供了依据。

（3）构建基于黏弹性摩擦滑动的轴对称理论模型。轴对称模型联合物理试验，对侧向 DRA 曲线的形状、精度、变化规律给出解答，为地应力的测量提供了一种可靠的数据来源，将极大地提高 DRA 法测量地应力的精度。针对伪三轴应力状态下的地应力测量问题给出解答：DRA 法测得的应力值为伪三轴应力状态下轴压、围压和测量加载中的围压的线性组合，其中线性参数值大于等于 0，与岩石类型有关。基于这一结论，提出了运用单轴 DRA 法结合人工记忆效应测量伪三轴应力状态下记忆信息（如地应力）的新方法。

12.2　展望

本书进行了物理试验，提出机理并建立相应的理论模型，绝大部分结果得到了物理试验的支持，对 DME 的各种现象及特征进行了解答，取得了大量推进

DRA 法测量地应力的成熟成果。但是同时,一些问题仍未得到解答,理论模型结果也引出了一些未充分关注的问题:

(1) 已有成功采用 DRA 法进行地应力测量的实践结果,与水力致裂法、应力解除法等结果一致,表明 DRA 法可以测量出最近时期的地应力。但是,地下的岩石经历了不同时期的应力阶段,这些应力历史是否会在一定条件下对采用 DRA 法进行地应力的测量产生影响。这个问题的回答对于岩石 DME 及 DRA 法在地应力测量中的应用都具有重要意义。本书为回答此问题提供了一定的基础,可以结合本书理论模型及人工记忆效应物理试验,设计含有不同应力历史的加载方式对此问题进行解答。

(2) 本书一维模型和轴对称模型的结果得到了物理试验很好的验证,为后续实现向三维理论模型的扩展建立了基础。后续研究应该建立三维模型,并纳入空间内接触面的倾向、倾角、三维尺寸等模拟接触面在三维空间的各向黏弹性摩擦滑动,实现对真三轴应力状态下 DME 的各种问题的解答。

(3) 对于推动 DRA 法测量技术的成熟,总的来说有两种思路:第一便是本书所采用的思路,从机理及理论出发,把握 DME 的运行规律,得到对推动 DRA 法技术成熟有利的成果;第二是进行大量的 DRA 法测量地应力的实践,在实践中与传统地应力方法做对比,继续发现问题、解决问题,一步步将 DRA 法发展成熟。后续研究需要对第二种思路展开探索,即进行更多的 DRA 法测量地应力的实践,并与理论相结合。

参考文献

［1］ FAIRHURST C. Stress estimation in rock：A brief history and review［J］. International Journal of Rock Mechanics and Mining Sciences，2003，40(7/8)：957－973.

［2］ HUDSON J A，CORNET F H，CHRISTIANSSON R. ISRM suggested methods for rock stress estimation—Part 1：Strategy for rock stress estimation［J］. International Journal of Rock Mechanics and Mining Sciences，2003，40(7/8)：991－998.

［3］ 侯明勋,葛修润.岩体初始地应力场分析方法研究［J］.岩土力学,2007，28(8)：1626－1630.

［4］ 张社荣,顾岩,张宗亮.超大型地下洞室围岩锚杆支护方式的优化设计［J］.水力发电学报,2007,26(5)：47－52.

［5］ HEAL D. Observatioins and analysis of incidences of rockburst damage in underground mines［D］. Perth：The University of Western Australia，2010.

［6］ DIGHT P. Stress states in open pits［A］. Keynote lecture-Slope Stability in Mining and Civil Engineering. 2011：Vancouver.

［7］ LJUNGGREN C，CHANG Y T，JANSON T，et al. An overview of rock stress measurement methods［J］. International Journal of Rock Mechanics and Mining Sciences，2003,40(7/8)：975－989.

［8］ 蔡美峰,乔兰,李华斌.地应力测量原理和技术［M］.北京：科学出版社,1995.

［9］ AMADEI B，STEPHANSSON O. Rock stress and its measurement［M］.

Dordrecht：Springer Netherlands，1997．

[10] SJÖBERG J R．Christiansson，JA Hudson．ISRM Suggested Methods for rock stress estimation—Part 2：overcoring methods[J]．International Journal of Rock Mechanics and Mining Sciences，2003，40(7/8)：999 - 1010．

[11] HAIMSON BC，CORNET FH．ISRM suggested methods for rock stress estimation—Part 3：hydraulic fracturing（HF）and/or hydraulic testing of pre-existing fractures（HTPF）[J]．International Journal of Rock Mechanics and Mining Sciences，2003，40(7/8)：1011 - 1020．

[12] 康红普，林健，张晓．深部矿井地应力测量方法研究与应用[J]．岩石力学与工程学报，2007，26(5)：929 - 933．

[13] HUNT S P，MEYERS A G，LOUCHNIKOV V．Modelling the Kaiser effect and deformation rate analysis in sandstone using the discrete element method[J]．Computers and Geotechnics，2003，30(7)：611 - 621．

[14] 侯明勋，葛修润，王水林．水力压裂法地应力测量中的几个问题[J]．岩土力学，2003，24(5)：840 - 844．

[15] YAMSHCHIKOV V S，SHKURATNIK V L，LAVROV A V．Memory effects in rocks（review）[J]．Journal of Mining Science，1994，30(5)：463 - 473．

[16] YAMAMOTO K，KUWAHARA Y，KATO N，et al．Deformation Rate Analysis：A New Method for In Situ Stress Estimation from Inelastic Deformation of Rock Samples under Uni-Axial Compressions[J]．The Science Reports of the Tohoku University，1990，33：127 - 147．

[17] VETCHFINSKII V，TUNYI I，VAJDA P．Effect of Stress on the Magnetic Memory of Induced Magnetic Anisotropy of Rocks and Its Mathematical Model[J]．Studia Geophysica et Geodaetica，2004，48(2)：363 - 390．

[18] FUJII N，HAMANO Y．Anisotropic changes in resistivity and velocity during rock deformation[M]．High-pressure research．Amsterdam：Elsevier，1977：53 - 63．

[19] REED L D，MCDOWELL G M．A fracto-emission memory effect and subharmonic vibrations in rock samples stressed at sonic frequencies[J]．Rock Mechanics and Rock Engineering，1994，27(4)：253 - 261．

[20] SHKURATNLK V L, LAVROV A V. A theoretical Model of the electromagnetic emission effect of rock memory [J]. Journal of Applied Mechanics and Technical Physics, 1996,37(6):913 – 916.

[21] JONASON K, VINCENT E, HAMMANN J, et al. Memory and Chaos Effects in Spin Glasses[J]. Physical Review Letters, 1998, 81 (15): 3243 – 3246.

[22] VINNIKOV V A, SHKURATNIK V L. Theoretical model for the thermal emission memory effect in rocks[J]. Journal of Applied Mechanics and Technical Physics, 2008,49(2):301 – 305.

[23] UTAGAWA M, SETO M, KATSUYAMA K. Estimation of initial stress by Deformation Rate Analysis (DRA)[J]. International Journal of Rock Mechanics and Mining Sciences, 1997,34(3/4):317.

[24] SETO M, NAG D K, VUTUKURI V S. In-situ rock stress measurement from rock cores using the acoustic emission method and deformation rate analysis[J]. Geotechnical & Geological Engineering, 1999,17(3):241 – 266.

[25] SATO N, YABE Y, YAMAMOTO K, et al. In situ stresses near the nojima fault estimated by deformation rate analysis[J]. Zisin (Journal of the Seismological Society of Japan 2nd Ser),2003,56(2):157 – 169.

[26] DIGHT P. Determination of in-situ stress from oriented core[M]// In-situ Rock Stress, London: Taylor & Francis,2006:167 – 176.

[27] LIN H, WU J, LEE D. Evaluating the pre-stress of Mu-Shan sandstone using acoustic emission and deformation rate analysis[M]//In-situ Rock Stress, London:Taylor & Francis,2006:215 – 222.

[28] DIGHT P, DYSKIN A V. Accounting for the effect of rock mass anisotropy in stress measurements[C]//Deep Mining 07. Proc. 4-th International Seminar on Deep and High Stress Mining. 2007. Nedlands, Western Australia.

[29] DIGHT P, DYSKIN A. On the Determination of Rock Anisotropy for Stress Measurements [C]//Proceedings of the First Southern Hemisphere International Rock Mechanism Symposium. Australian Centre for Geomechanics, Perth, 2008:575 – 585.

[30] YAMAMOTO K, YAMAMOTO H, KATO N, et al. Deformation

rate analysis for in situ stress measurement. Proceedings of the Fifth Conference on AE/MA in Geologic Structures and Materials. 1995 [C]. Clausthal-Zellerfeld Trans Tech Publications.

[31] YAMAMOTO K, YABE Y, YAMAMOTO H. Relation of in-situ stress field to seismic activity as inferred from the stresses measured on core samples. inProceedings of the international symposium on rock stress. 1997, Balkema, Rotterdam.

[32] YAMAMOTO K, YABE Y. Stresses at sites close to the Nojima Fault measured from core samples[J]. Island Arc, 2008,10(3/4):266 − 281.

[33] TANAKA Y. Crustal stress measurements in Japan-Research trends and problems[R]. in Proc. Earthq. Pred. Res. Symp. 1987. Japan.

[34] TSUKAHARA H, IKEDA R. Hydraulic fracturing stress measurements and in-situ stress field in the Kanto-Tokai area, Japan[J]. Tectonophysics, 1987, 135(4):329 − 345.

[35] IKEDA R, TSUKAHARA H. Hydraulic fracturing stress measurements: Results at Ishige in Ibaraki Prefecture and Ashikawa in Yamanashi Prefecture[J]. Prog. Abst. Seism. Soc., 1986. 2: 231.

[36] KOIDE H, NISHIMATSU Y, KOIZUMI S, et al. Comparison among several methods for stress measurement in the Kanto-Tokai district, Japan[R]. inProc. 18th Japan Symp. Rock Mech. 1986. Japan.

[37] TSUKAHARA H, IKEDA R, YAMAMOTO K. In situ stress measurements in a borehole close to the Nojima Fault[J]. The Island Arc, 2008,10(3/4):261 − 265.

[38] DIGHT P, HSIEH A. Insitu Stress Measurement Report—DGDD 117 & DGDD 047[R]. 2010: Perth.

[39] DIGHT P, HSIEH A. Insitu Stress Measurement Report—1037A [R]. 2010: Perth, Australia.

[40] ARIEL H. Preliminary Insitu Stress Measurement Report[R]. 2010: Perth, Australia.

[41] ARIEL H. In-situ Stress Measurement Report—EH753 [R]. 2011: Perth, Australia.

[42] DIGHT P M. DRA testing on Core from GT098 and GT101a—Argyle Diamond Mines (unpublished)[R]. 2002.

[43] BOGACZ V, DIGHT P. Extensional Tectonic Deformation and Tectonic genesis Model of the Deposit—Report prepared for Argyle Diamond Mines—BFPO Consultants Report[R]. 2002.

[44] ASSOCIATES M M. Results of Insitu Stress Tests Appendix G in Argyle Diamond Mine—Underground Geotechnical Investigations—Report on Geotechnical Observations and Measurements[R]. 1996.

[45] YABE Y, SONG S R, WANG C Y. In-situ stress at the northern portion of the Chelungpu fault, Taiwan, estimated on boring cores recovered from a 2-km-deep hole of TCDP[J]. Earth, Planets and Space, 2008, 60(8): 809 – 819.

[46] YABE Y, YAMAMOTO K, SATO N, et al. Comparison of stress state around the Atera fault, central Japan, estimated using boring core samples and by improved hydraulic fracture tests[J]. Earth, Planets and Space, 2010, 62(3): 257 – 268.

[47] YABE Y, OMURA K. In-situ stress at a site close proximity to the Gofukuji Fault, central Japan, measured using drilling cores[J]. Island Arc, 2011, 20(2): 160 – 173.

[48] TAMAKI K, YAMAMOTO K, FURATA T, et al. An experiment of in situ stress estimation on basaltic rock core samples from Hole 758A, Ninetyeast Ridge, Indian Ocean [C]//Proceedings of the Ocean Drilling Program, 121: College Station, TX (Ocean Drilling Program), J. Weissel, et al., Editors. 1991. 697 – 717.

[49] TAMAKI K, YAMAMOTO K. Estimating in situ stress field from basaltic rock core samples of Hole 794C, Yamato Basin, Japan Sea[C]//Proceedings of the Ocean Drilling Program, 127/128 Scientific Results. 1992.

[50] PARK P, PARK N, HONG C, et al. The influence of delay time and confining pressure on in-situ stress measurement using AE and DRA[C]//Proceedings of the 38th US symposium on rock mechanics. Swets & Zeitlinger Lisse, 2001.

[51] VILLAESCUSA E, SETO M, BAIRD G. Stress measurements from oriented core[J]. International Journal of Rock Mechanics and Mining Sciences, 2002,39(5):603 – 615.

[52] SETO M, SOMA N, MAEDA N, et al. Methodology and case studies of stress measurement by the AE and DRA methods using rock core [J]. Shigen-to-Sozai, 2001,117(10):829 – 835.

[53] SETO M, VILLAESCUSA E. In Situ Stress Determination by Acoustic Emission Techniques from McArthur River Mine Cores[C]//Proceedings 8th Australia New Zealand Conference on Geomechanics: Consolidating Knowledge 1999. Barton, ACT: Australian Geomechanics Society.

[54] SETO M, VILLAESCUSA E, UTAGAWA M, et al. In situ stress evaluation from rock cores using AE method and DRA[J]. Shigen-to-Sozai, 1998,114(12):845 – 855.

[55] 谢强,邱鹏,余贤斌,等. 利用声发射法和变形率变化法联合测定地应力[J]. 煤炭学报,2010,35(4):559 – 564.

[56] 葛伟凤,张飞,陈勉,等. 盐膏岩 DRA-Kaiser 地应力测试方法初探 [J]. 岩石力学与工程学报,2015,S1:3138 – 3142.

[57] 石凯,梅甫定,程明胜,等. 循环加载高应力对大理岩 kaiser 效应影响的试验研究[J]. 岩石力学与工程学报,2017,36(12):2906 – 2916.

[58] 杨东辉,赵毅鑫,张村,等. 循环加载对沉积岩岩石 Kaiser 效应影响的试验研究[J]. 岩石力学与工程学报,2018,37(12):2697 – 2708.

[59] WANG H J, DYSKIN A V, HSIEH A, et al. The mechanism of the deformation memory effect and the deformation rate analysis in layered rock in the low stress region[J]. Computers and Geotechnics, 2012,44:83 – 92.

[60] ZOGALA B, ZUBEREK W M, GOROSKIEWICZ A. Acoustic emission in Carboniferous sandstone and mudstone samples subjected to cyclic heating[J]. Mining-Induced Seismicity, 1992, 89(3).

[61] KAISER J. Information and conclusions from the measurement of noises in tensile stressing of metallic materials[J]. Arch Eisenhuttenwesen, 1953, 24: 43 – 45.

［62］LAVROV A. The Kaiser effect in rocks: principles and stress estimation techniques［J］. International Journal of Rock Mechanics and Mining Sciences, 2003,40(2):151－171.

［63］HOLCOMB D J. General Theory of the Kaiser Effect［J］. International Journal of Rock Mechanics and Mining Secences & Geomechanics Abstracts,1993, 30(7):929－935.

［64］MARTIN R J, WYSS M. Magnetism of Rocks and Volumetric Strain in Uniaxial Failure Tests［J］. Pure and Applied Geophysics,1975,113(1/2):107－118.

［65］RZHEVSKII V V, YAMSHCHIKOV V S, SHKURAMIK V L, et al. Emission effects of memory in rocks［J］. Dokl. Akad. Nauk SSSR, 1983, 273(5).

［66］YAMAMOTO K. A theory of rock core-based methods for in-situ stress measurement［J］. Earth, Planets and Space,2009,61(10):1143－1161.

［67］YAMAMOTO K, TAMAKI K, FURUTA T, et al. An Experiment of In-situ Stress Estimation on Basaltic Rock Core Samples from Hole 758A,Ninetyeast Ridge, Indian Ocean［M］//Proceedings of the Ocean Drilling Program, 121 Scientific Results, 1991, 121:697－717.

［68］HUNT S P, MEYERS A G, LOUCHNIKOV V, et al. Use of the DRA technique, porosimetry and numerical modelling for estimating the maximum in-situ stress in rock from core［C］//International Society for Rock Mechanics10th Congress Technology roadmap for Rock Mechanics South Arfican Institute of Mining and Metallurgy, 2003.

［69］LOUCHNIKOV V, HUNT S, MEYERS A. Influence of confining pressure on the deformation memory effect in rocks studied by particle flow code, PFC2D［M］//In-situ Rock Stress, Lu, et al. , London: Taylor & Francis, 2006:491－496.

［70］LOUCHNIKOV V, HUNT S, MEYERS A. The use of particle flow code for investigating the stress memory effect in rocks［M］//Numerical Modelling in Micromechanics via Particle Methods,2004. Kyoto, Japan: CRC PRESS,2004:331－340.

［71］张剑锋.黑色片岩预应力室内试验推估方法之研究［D］.台南:台湾成功大学,2007.

[72] 詹恕齐. 长枝坑层砂岩室内预应力试验推估方法之研究[D]. 台南：台湾成功大学，2008.

[73] WU J H, JAN S C. Experimental validation of core-based pre-stress evaluations in rock: a case study of Changchikeng sandstone in the Tseng-Wen Reservoir transbasin water tunnel[J]. Bulletin of Engineering Geology and the Environment, 2010, 69(4):549-559.

[74] HOLMES C. Deformation Rate Analysis and "Stress Memory" Effect in Rock, inFaculty of Engineering, Computing and Mathematical Sciences. 2004, The University of Western Australia: Perth.

[75] YAMAMOTO H. An experimental study on stress memory of rocks and its application to in situ stress estimation[D]. Tohoku Univ, 1991.

[76] PROSKURYUAKOV N M, KARTASHOV Y M, II'INOV M D. Memory effects of rocks under various types of their loading. in Memory Effects in Rocks. 1986. Moscow.

[77] LAVROV A. Fracture-induced Physical Phenomena and Memory Effects in Rocks: A Review[J]. Strain, 2005, 41(4):135-149.

[78] YAMAMOTO K. The rock property of in-situ stress memory: Discussion on its mechanism[Z]//Int. W/S on Rock Stress: Measurement at Great Depth, K. Matsuki and K. Sugawara, Editors. Tokyo, 1995:46-51.

[79] YABE Y, SONG S R, WANG C Y. In-situ stress at the northern portion of the Chelungpu fault, Taiwan, estimated on boring cores recovered from a 2-km-deep hole of TCDP[J]. Earth, Planets and Space, 2008, 60(8):809-819.

[80] II'INOV M D. Development of a Method of Quantitative Evaluation of the Stress State of Rocks in Situ from Indices of the Mechanical Properties of an Extracted Core, inVNIMI. 1985: Leningrad.

[81] 島田英樹，後藤史樹，瀬戸政宏. DRA 法による地圧測定の適用性に関する基礎的研究[J]. 資源と素材，2001, 117(3):202-208.

[82] MAKASI M, FUJII Y. Effects of strain rate and temperature on tangent modulus method. inProceedings of Korean Rock Mechanics Symposium 2008 (KRMS 2008). 2008. Gwangju, Korea.

［83］MAKASI M，FUJII Y. Effects of Strain Rate and Temperature on Bending Point Stress in Tangent Modulus Method，inThe 3rd International Workshop and Conference on Earth Resources Technology. 2009. 116－123.

［84］KARAKUS M. Quantifying the discrepancy in preloads estimated by acoustic emission and deformation rate analysis［J］. Rock Engineering and Rock Mechanics：Structures in and on Rock Masses,2014：89.

［85］唐家辉. 应力水平和保载时间对利用 Kaiser 效应和 DRA 法测定花岗岩先期应力的影响试验研究［D］. 重庆：重庆大学,2018.

［86］後藤龍彦,児玉淳一,板倉賢一,等. Application of the Ultrasonic Propagation Time of a Core Sample for Stress Measurement of Underground Rocks［J］. 資源と素材,1997,113(8):593－599.

［87］相馬宣和,瀬戸政宏,松井裕哉,等. 封圧環境下におけるAE法による原位置初期地圧測定法の開発［J］. 資源と素材:資源・素材学会誌. 2002,8(118):546－552.

［88］ATTAR I，AHMADI M，NIKKHAH M，et al. Investigating the capability of deformation rate analysis method in stress estimation：a case study of water conveyance tunnel of Gotvand Dam［J］. Arabian Journal of Geosciences,2014,7(4):1479－1489.

［89］FUJII Y，MAKASI M，KODAMA J,et al. Dassanayake, Tangent modulus method—An original method to measure in-situ rock stress［J］. Tunnelling and Underground Space Technology,2018,82:148－155.

［90］TANG C A，CHEN Z H，XU X H，et al. A Theoretical Model for Kaiser Effect in Rock［J］. Pure and Applied Geophysics, 1997,150(2):203－215.

［91］樊运晓. 损伤:KAISER 效应记忆机理的探讨［J］. 岩石力学与工程学报,2000,19(2):254－258.

［92］STEVENS J L，HOLCOMB D J. A Theoretical investigation of the sliding crock model of dilatancy［J］. Journal of Geophysical Research,1980,85(B12):7091－7100.

［93］KUWAHARA Y，YAMAMOTO K，HIRASAWA T. An experimental and theoretical study of inelastic deformation of brittle rocks under cyclic uniaxial loading. Tohoku Geophys. J. (Sci. Rep. Tohoku Univ., Ser. 5), 1990. 33(1): 1 - 21.

[94] GROUP I C. PFC2D Particle Flow Code in 2Dimensions, ed. I. Itasca Consulting Group. Minneapolis, Minnesota, 1999.

[95] 周健,池永,池毓蔚,等. 颗粒流方法及 PFC2D 程序[J]. 岩土力学, 2000,21(3):271 - 274.

[96] 朱焕春. PFC 及其在矿山崩落开采研究中的应用[J]. 岩石力学与工程学报,2006,25(9):1927 - 1931.

[97] WANG H J, REN X H, TAO R R. Identification methods of the deformation memory effect in the stress region above crack initiation threshold [J]. Procedia Engineering,2011,26:1756 - 1764.

[98] WANG H J, REN X H, ZHANG J X. Deformation Memory Effect Identification Using Fractal Dimension in the Stress Region Above Crack Initiation Threshold[J]. Applied Mechanics and Materials,2011,90/91/92/93: 2332 - 2338.

[99] ULUSAY R, TUNCAY E, TANO H, et al. Studies on in-situ stress measurements in turkey. First Collaborative Symposium of Turk-Japan Civil Engineers[C]. 2008. Istanbul, Turkey.

[100] HSIEH A. Experimental determination of mine in-situ stress[M]. Perth:University of Western Australia,2010.

[101] POTYONDY D O, CUNDALL P A. A bonded-particle model for rock[J]. International Journal of Rock Mechanics and Mining Sciences, 2004, 41(8):1329 - 1364.

[102] REN X, WANG H J, ZHANG J X. Numerical study of AE and DRA methods in sandstone and granite in orthogonal loading directions[J]. Water Science and Engineering, 2012,5(1):93 - 104.

[103] EBERHARDT E, STEAD D, STIMPSON B, et al. Identifying crack initiation and propagation thresholds in brittle rock [J]. Canadian Geotechnical Journal,1998,35(2):222 - 233.

[104] MANDELBROT B. How long is the coast of Britain? Statistical self-similarity and fractional dimension[J]. Science, 1967, 156 (3775): 636 -

638.

[105] QIAO P Z，LESTARI W，SHAH M G，et al. Dynamics-based damage detection of composite laminated beams using contact and noncontact measurement systems[J]. Journal of Composite Materials,2007,41(10):1217 - 1252.

[106] KATZ M J. Fractals and the analysis of waveforms[J]. Computers in Biology and Medicine,1988,18(3):145 - 156.

[107] 薛强. 弹性力学[M]. 北京:北京大学出版社,2006.

[108] DIGHT P，HSIEH A. Preliminary Insitu Stress Measurement Report[R]. 2010: Perth，Australia.

[109] DIGHT P，HSIEH A. In-situ Stress Measurement Report—EH753[R]. 2011: Perth，Australia.

[110] HSIEH A，DIGHT P. Stress memory in the laboratory[R]. 2010 (Personal Communicatioin): Perth，Australia.

[111] 左建平. 温度-应力共同作用下砂岩破坏的细观机制与强度特征[D]. 北京:中国矿业大学,2006.

[112] 梁正召. 三维条件下的名石破裂过程分析及其数值试验方法研究[D]. 沈阳:东北大学,2005.

[113] JAEGER J C，COOK N. Fundamentals of Rock Mechanics[M]. Malden，USA: Blackwell Publishing,2007.

[114] SALGANIK R L. Mechanics of bodies with many cracks[J]. Mechanics of Solids. 1973,8(4):135 - 143.

[115] SALGANIK R L. Overall effects due to cracks and crack-like defects [C]//Proceedings of First International Symposium on Defects and Fracture, G. C. Sih and H. Zorski，Editors. 1982: Tuczno，Poland. 199 - 208.

[116] PATERSON M，WONG T. Experimental Rock Deformation:The Brittle Field[M]. 2nd ed.，Berlin: Springer,2005.

[117] 任建喜,葛修润. 单轴压缩岩石损伤演化细观机理及其本构模型研究[J]. 岩石力学与工程学报,2001,20(4):425 - 431.

[118] WAWERSIK W R，FAIRHURST C. A study of brittle rock fracture in laboratory compression experiments[J]. International Journal of

Rock Mechanics and Mining Sciences & Geomechanics Abstracts,1970,7(5):
561 - 575.

[119] HUDSON J，HARRISON J，POPESCU M. Engineering rock
mechanics：An introduction to the principles[M]. Oxford，UK,1997.

[120] EBERHARDT E. Brittle Rock Fracture and Progressive Damage in
Uniaxial Compression，in Department of Geological Sciences [D]. Saskatoon,
Canada：University of Saskatchewan,1998.

[121] BRACE W F. Brittle fracture of rocks[C]. In State of Stress in the
Earth's Crust：Proceedings of the International Conference. New York：
American Elsevier Publishing Co,1964.

[122] LAJTAI E Z，LAJTAI V N. The evolution of brittle fracture in
rocks[J]. Journal of the Geological Society of London,1974,130(1):1 - 16.

[123] MARTIN C D, CHANDLER N A. The progressive fracture of Lac
du Bonnet granite[J]. International Journal of Rock Mechanics and Mining
Sciences & Geomechanics Abstracts,1994,31(6)：643 - 659.

[124] 宋卫东,明世祥,王欣,等. 岩石压缩损伤破坏全过程试验研究[J]. 岩
石力学与工程学报,2010,29(S2):4180 - 4187.

[125] BRACE W F, PAULDING B W, SCHOLZ J C. Dilatancy in the
Fracture of Crystalline Rocks[J]. Journal of Geophysical Research, 1966, 71
(16):3939 - 3953.

[126] BIENIAWSKI Z T. Mechanism of brittle fracture of rock[J].
International Journal of Rock Machanics and Mining Sciences & Geomechanics
Abstracts,1967,4(4):423.

[127] MARTIN C D. The strength of massive Lac du Bonnet granite around
underground openings[D]. University of Manitoba, Winnipeg, Manitoba,1993.

[128] 张晓平,王思敬,韩庚友,等. 岩石单轴压缩条件下裂纹扩展试验研
究：以片状岩石为例[J]. 岩石力学与工程学报,2011,30(9):1772 - 1781.

[129] CAI M, KAISER P K, TASAKA Y, et al. Generalized crack initiation
and crack damage stress thresholds of brittle rock masses near underground
excavations[J]. International Journal of Rock Mechanics and Mining Sciences, 2004,
41(5):833 - 847.

[130] DIEDRICHS M S, KAISER P K, EBERHARDT E. Damage initiation and propagation in hard rock during tunnelling and the influence of near-face stress rotation[J]. International Journal of Rock Mechanics and Mining Sciences, 2004,41(5):785-812.

[131] YUAN S C, HARRISON J P. An empirical dilatancy index for the dilatant deformation of rock[J]. International Journal of Rock Mechanics and Mining Sciences, 2004,41(4):679-686.

[132] ALKAN H, CINAR Y, PUSCH G. Rock salt dilatancy boundary from combined acoustic emission and triaxial compression tests[J]. International Journal of Rock Mechanics and Mining Sciences,2007,44(1):108-119.

[133] DAVID E C, BRANTUT N, SCHUBNE A, et al. Sliding crack model for nonlinearity and hysteresis in the uniaxial stress-strain curve of rock [J]. International Journal of Rock Mechanics and Mining Sciences,2012,52:9-17.

[134] BASISTAT M, GROSS D. The sliding crack model of brittle deformation: An internal variable approach[J]. International Journal of Solids and Strctures,1998,35(5/6):487-509.

[135] MORI T, MURA T. Blocking effect of inclusions on grain boundary sliding: spherical grain approximation[J]. Journal of the Mechanics and Physics of Solids,1987,35(5):631-641.

[136] WALSH J B. The effect of cracks on the uniaxial elastic compression of rocks[J]. Journal of Geophysical Research,1965,70(2):399-411.

[137] WALSH J B. The effect of cracks on the compressibility of rock [J]. Journal of Geophysical Research,1965,70(2):381-389.

[138] HSIEL A. The mechanics of Kaiser effects on stress measurement under load in rock-how wrong can experience be[M]. Perth: The University of Western Australia,2012.

[139] 孙钧. 岩石流变力学及其工程应用研究的若干进展[J]. 岩石力学与工程学报,2007,26(6):1081-1106.

[140] 孙钧. 岩土材料流变及其工程应用[M]. 北京:中国建筑工业出版社,1999.

［141］冯西桥,余寿文. 准脆性材料细观损伤力学［M］. 北京:高等教育出版社,2002.

［142］WESSON P. The application of dimensional methods to cosmology［J］. Space Science Reviews,1980,27:109 - 153.

［143］SEDOV L I. Similarity and Dimensional Methods in Mechanics［M］. New York:Academic Press,1959.

［144］BUCKINGHAM E. On Physically Similar Systems:Illustrations of the Use of Dimensional Equations［J］. Physical Review Letters,1914,4(4):345 - 376.

［145］徐芝纶. 弹性力学简明教程［M］. 2 版. 北京:高等教育出版社,1983.

［146］DIGHT P. Stress memory under confined stress［R］. 2012 (Personal communication):Perth,Australia.